我最喜欢的趣味天文书

（俄）别莱利曼　著

柯楠　编译

中国纺织出版社

内 容 提 要

本书是世界科普大师别莱利曼的代表作品，向小读者们介绍了最基本的天文学现象，其解释和学校的教材截然不同。许多人似懂非懂的天文现象，被用另一种独特的、充满哲思意味的方式重新阐述，让人感受到了天文学的神奇魅力。

图书在版编目（CIP）数据

我最喜欢的趣味天文书／（俄罗斯）别莱利曼著．柯楠编译．--北京：中国纺织出版社，2018.12（2023.4重印）
ISBN 978-7-5180-4968-4

Ⅰ.①我… Ⅱ.①别… ②柯… Ⅲ.①天文学—青少年读物 Ⅳ.①P1-49

中国版本图书馆CIP数据核字（2018）第093598号

策划编辑：郝珊珊　　责任印制：储志伟

中国纺织出版社出版发行
地址：北京市朝阳区百子湾东里A407号楼　邮政编码：100124
销售电话：010—67004422　传真：010—87155801
http：//www.c-textilep.com
E-mail：faxing@c-textilep.com
中国纺织出版社天猫旗舰店
官方微博http：//weibo.com/2119887771
永清县晔盛亚胶印有限公司印刷　各地新华书店经销
2018年12月第1版　2023年4月第3次印刷
开本：710×1000　1/16　印张：13
字数：134千字　定价：42.00元

编译者序

　　"全世界孩子最喜爱的大师趣味科学丛书"是世界著名科普作家别莱利曼最经典的作品之一，从 1916 年完成到 1986 年已经再版 22 次，被翻译成十几种文字，畅销 20 多个国家，全世界销量超过 2000 万册。

　　别莱利曼通过巧妙的分析，把一些高深的科学原理变得通俗简单，让晦涩难懂的科学问题变得生动有趣，还有各种奇思妙想以及让人意想不到的比对，这些内容大都跟我们的日常生活息息相关，有的取材于科学幻想作品，如马克·吐温、儒勒·凡尔纳、威尔斯等作者的作品片段，这些情节中描绘的奇妙经历，不仅引人入胜，还能让读者在趣味阅读中收获知识。

　　由于写作年代的限制，这套书存在一定的局限性，毕竟作者在创作这套书时，科学研究没有现在严谨，书中用了一些旧制单位，且随着科学的发展，很多数据已经发生了改变。在编译这套书时，我们在保留这一伟大作品的精髓的同时，也做了些许的改动，并结合现代科学知识，进行了一些小小的补充。希望读者们在阅读时，能够有更大的收获。

　　在编译的过程中，我们已经尽了最大的努力，但依然不可避免会有疏漏之处。在此，恳请读者提出宝贵的意见和建议，帮助我们进行完善和改进。

目 录

Chapte 5　万有引力

不可思议的最短航线

在一次小学的数学课上，老师在黑板上标出了两点，并让一位学生在两点之间画出最短的路线。学生接过粉笔后，思考了片刻，就用一条曲线把两点连接起来。

老师很生气，说："我们讲过，两点之间直线最短，你为什么要画一条曲线呢？"

学生回答："我爸爸教我的，他是开公共汽车的，每天都这么开。"

你是不是跟这位老师的想法一样？如图1所示，很多读者朋友都知道，图中的曲线刚好是南非的好望角跟澳大利亚最南端之间的最短路线。所以，我们不应该去嘲笑那位学生。事实上，我们还能看到更多不可思议的事。图2是从日本横滨到巴拿马运河的两条路线。相比而言，那条半圆形的路线比直线短多了。

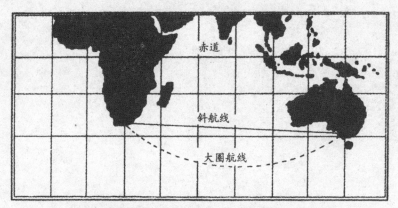

图1 在航海图上，南非的好望角与澳大利亚南端之间的
最短路线是曲线，而不是直线。

千万不要认为我在开玩笑，前面提到的这些，我们都能通过地图测绘员的测绘得到证实。那么，要如何解释这个问题呢？

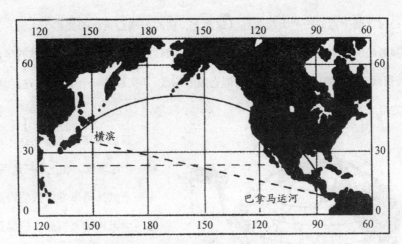

图2 在航海图上，连接日本横滨与巴拿马运河的曲线航线，
竟然要比这两点之间的直线航线要短。

在这里，我们不得不提到地图，尤其是航海图。我们不妨先看看地图的基本知识。地球是球体，严格意义上讲，它的任何一部分都无法完全展开成一个中间不重叠、不破裂的平面。所以，想在一张纸上真实地画出某块陆地，是不太可能的。人们在绘制地图时，总会不可避免地进行一些歪曲，我们无法找到一张没有任何歪曲的地图。

下面，我们来说说航海图。提到它，我们就必须认识一个人，那就是16世纪荷兰地理学家墨卡托，绘制方法就是他发明的。我们通常把这种方法称为"墨卡托投影法"，如图2所示。这种地图有格子，很容易看懂，上面的所有经线都是用平行的直线表示的，所有的纬线都是用与经线垂直的直线表示的。

那我们不禁要问：如何在同一纬度上找出两个海港间的最短航线呢？你可能会说，只要知道最短航线的位置和它所在方向就行。接下来，你可能还会想到，最短航线肯定在两个海港所处的纬线上，因为地图上的纬线都是用直线表示的，我们可以用"两点之间直线最短"来解答。可惜啊，这是不对的，按照这种方法找出的航线不是最短的。

我们来分析一下。在一个球面上，两点之间最短的路线不是它们的直线连线，而是经过这两个点的一个大圆弧线（球面上，圆心与球心重合的圆称为大圆）。这条大圆弧线的曲率比这两个点之间任何一条小圆弧线的曲率都要小，且球的半径越大，大圆弧线的曲率就越小。所以，看似直线的纬线，其实都是一个个小圆。这就是说，最短的路线不是在纬线上。

图3 通过图示的实验可以证明，最短的航线并不在纬线上。

我们用实验来证明这一点。找一个地球仪，在上面任选两点，用一条细线沿着地球仪的表面把这两个点连起来，然后拉紧这条细线。你会发现，这条细线与纬线根本不在同一条直线上，如图3所示。从图中可以看出，这两点之间，最短的航线是拉紧的细线，与地球上的纬线根本不重合。也就是说，在航海图上，两点之间的最短距离不是一条直线。因为，纬线都是曲线，而地图上我们通常用直线来表示。反过来，在地图上，任何一条与直线不重合的线都是曲线。由此可知，为什么在航海图上，最短的航线是曲线而不是直线。

再讲一个例子。多年前，俄国出现过一次较大的争议。当时，人们想在圣彼得堡和莫斯科之间修一条铁路，也就是十月铁路。然而，就这条铁路是直线还是曲线的问题，出现了分歧。最后，还是沙皇尼古拉一世给出了结论：这条铁路是一条直线，而不是一条曲线。我们可以想一下，如果当时尼古拉一世用图2所示的地图，他肯定不会得出这样的结论。他会发现，这条铁路是一条曲线。

此外，我们还可以用下面的方法来计算，进行更加严谨的论证。

在地图上，曲线航线比直线航线短。我们可以假设有这样两个港口，它们之间的距离是60°，且它们跟圣彼得堡一样，在北纬60°上。如图4所示，地心为点O，A、B分别表示这两个港口，弧线AB位于纬线圈上，它的弧长是60°，点C是AB所在的纬线圈的圆心。

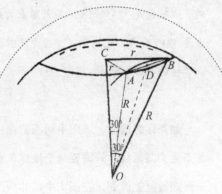

图4 比较一下图中所示地球上A、B两点之间纬圈弧线和大圆弧线，哪一条更长？

我们以地心O为圆心，经过点A和点B画一条大圆弧线，半径OB=OA=R。可以看出，这条大圆弧线跟纬线圈上的弧线很接近，但不重合。我们还能计算出每条弧线的长度。根据题意，点A和点B都处于北纬60°上，所以，半径OA和OB跟地轴OC的夹角都是30°。但是，我们知道，在直角三角形ACO中，30°夹角所对应的边AC等于直角三角形的弦AO的$\frac{1}{2}$，也就是$r=\frac{R}{2}$。纬线圈上的弧线AB的长度是纬线圈总长度的$\frac{1}{6}$。由于纬线圈的半径r是大圆半径R的$\frac{1}{2}$，所以纬线圈的长度也是大圆长度的$\frac{1}{2}$。大圆的长度是40000千米，所以纬线圈上的弧线AB的长度就是$\frac{1}{6} \times \frac{40000}{2} \approx 3333$千米。

此外，我们还能计算出经过点A和点B的大圆弧线长度，即两个港口之间的最短路线。此时，我们先要计算出∠AOB的大小。小圆上60°弧对应的弦AB刚好它的内接正六角形的一条边，$AB=r=\frac{R}{2}$。连接点O与弦AB的中点D，得到直线OD，这就又得到一个直角三角形ODA，其中∠D=90°。又：$DA=\frac{1}{2}AB$，$OA=R$，所以有：$\sin AOD = \frac{DA}{OA} = \frac{1}{4}$，由三角函数∠AOD=14°28′5″，所以∠AOB=28°57′。

计算出这些数据后，我们就能得出最短路线的长度。对地球来说，大圆1分的长度约等于1海里，即1.85千米，那么28°57′=1737′≈3213千米。

综上所述，在航海图上，沿纬线圈

的直线航线是3333千米，而大圆上的航线是3213千米，也就是说，后者比前者少了将近120千米。

如果你想检验一下图中所画的曲线是不是大圆弧线，只需要一个地球仪和一根细线就能做到。在图1中，非洲好望角和澳大利亚之间的直线航线是6020海里，但曲线航线只有5450海里，两者相差570海里，也就是1050千米。从地图上，我们可以轻易地看到，在上海和伦敦之间画一条直线航空线的话，一定会穿过里海，但它们之间的最短航线却是经过圣彼得堡再往北这一条。通过分析可见，在航行中，如果不事先弄清楚航线的问题，很有可能会走弯路，浪费时间和燃料。

我们都知道，时间是很宝贵的，如果能够缩短航线，就意味着能够节省燃料和费用。所以，航海家们现在用的不是墨卡托地图，而是一种叫作"心射"的投影地图，这种航海图用直线来表示大圆弧线，通过它，就能保证轮船一直沿着最短的航线前进。

那么，对于过去的航海家们来说，

他们知不知道我们说的这些知识呢？答案是肯定的。既然如此，他们为何还要在航海时使用墨卡托地图，而不选择走最短的航线呢？其实，这就跟硬币有两个面一样，虽然墨卡托地图有一定的缺陷，但在某些特定的条件下，它却能给航海家们带来很大的帮助。

第一，除了距离赤道很远的地方，墨卡托地图所表示的小块陆地区域的轮廓大体是准确的。在那里离赤道越远的地方，地图上表示出来的陆地轮廓比实际要大，且纬度越高，陆地轮廓被拉伸得越厉害。对外行人来说，可能无法理解这种航海图。比如，在墨卡托地图上，格陵兰岛的大小看起来跟非洲大陆差不多，而阿拉斯加看起来却比澳大利亚大很多。但真实的情况是什么样的呢？格陵兰岛的面积只有非洲的 $\frac{1}{15}$，而阿拉斯加和格陵兰岛的面积加起来，也只有澳大利亚的面积的一半。但是，对于那些熟悉墨卡托地图的航海家们来说，这种地图上表示出来的大小不是问题，他们可以包容这些小的缺陷，因为在很小的区域里，航海图上所表示的陆地轮廓跟实际上差不多，如图5所示。

第二，在航海中使用墨卡托地图有很大的便利，因为它是唯一用直线表示轮船定向航行航线的一种地图。所谓的定向航行，说的是轮船航行的方向、方向角不变，也就是说，轮船的航线跟所有经线相交的角度始终是相等的。这些航线又被称为"斜航线"，只有在这种用平行直线表示经线的地图上，才能用直线表示航线。我们知道，地球上的所有纬线圈与经线圈都是垂直的，夹角为90°，所以在墨卡托地图上，经线都垂直于纬线。简单来说，看上去全是经线和纬线绘成的方格网，正是墨卡托地图的特点。

由此可见，航海家们青睐于墨卡托地图也是有原因的。如果一名船长想到某个海港去，他可以先用尺子在出发地和目的地之间简单画一条直线，然后测量出这条直线跟经线的夹角，来确定航行的方向。在浩瀚的大海上，船长只需要保证轮船始终朝着这个方向前进，就能准确地达到目的地。从这里也能看出，这条斜航线虽然不是最短、最经济的，但却是最方便的。

再举个例子，如果我们想从南非的好望角出发，去澳大利亚的最南端，如图1所示。那我们只要保证轮船一直朝着南偏东87°50′的方向前进就行

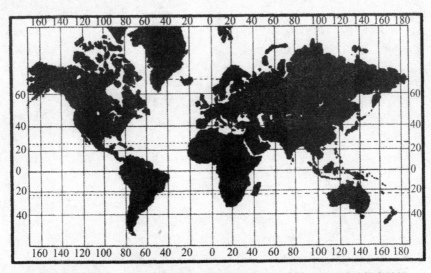

图5 全球航海图，又叫墨卡托地图。在这种地图上，高纬度地区陆地轮廓被拉伸了，比如，格陵兰岛比非洲的面积还要大。

了。但如果我们想走最短的航线，就要不断地改变航行的方向，先沿着南偏东42°50′的方向，在抵达了某个地方后，再改为偏东39°50′的方向。实际上，这条最短航线根本不存在，如果这么走的话，最后到达的地方就是南极了。

有趣的是，斜航线和大圆弧线在某些地方有可能重合，当我们沿着赤道或经线航行时，就会出现这样的情况。因为，在墨卡托航海图上，这些地方的大圆弧线也刚好是用直线表示的。不过，除此之外，其他任何地方的斜航线与大圆航线都不一样。

经度长还是纬度长

关于经纬线的相关知识，大家应该不会陌生，课堂上都学习过。然而，对于下面这个问题，很多人却未必能够答得上来：1度纬度总是比1度经度长吗？

看到这个问题后，可能不少人会说是的。在他们看来，这是显而易见的，因为任何一个纬线圈都比经线圈小，而经度和纬度又是根据纬线圈和经线圈的长度计算得出的。所以，1度纬度总比1度经度长。

对于这个解释，听起来似乎合情合理，但其中忽略了一个事实：我们生活的地球并不是一个标准的正圆形球体。从某种意义上来说，它是一个椭圆体，而且，越靠近赤道，弧度越突出。所以，对于这样一个特殊的球体来说，赤道的长度比经线圈的长度要长一些，有时甚至在赤道附近的纬线圈也比经线圈大。通过计算，我们可以得出，从赤道到纬度5°，纬线圈上的1度（经度）比经线圈上的1度（纬度）要长一些。

阿蒙森的飞机往哪个方向飞

罗阿尔德·阿蒙森是挪威的南北极探险家，他曾经在1926年5月跟同伴乘坐"挪威"号飞艇进行过一次飞行，是从孔格斯湾起飞，飞跃北极点，最后抵达美国阿拉斯加的巴罗角，总行程共花费72小时。试问：阿蒙森跟同伴从北极返回时，他们是朝哪个方向飞的？当他们从南极返回时，又是朝哪个方向飞的？

在不查询任何资料的情况下，你能回答上述的问题吗？

我们都知道，北极位于地球的最北端。在这个点上，无论你朝哪边走，都是朝南走。所以，当阿蒙森从北极返回时，自然是朝着南方，且是唯一的方向。

在阿蒙森当时的日记中，有这样一段记录：

"我们驾驶着'挪威'号飞艇在北极上空绕了一圈，然后继续我们的行程……飞离北极时，我们始终朝着南方飞行，直至我们降落到罗马城为止。"

同样，当阿蒙森他们从南极返回时，是朝着北方飞行的。

作家普鲁特果夫曾经写过一篇有意思的小说，是关于一个人误入"最东边国家"的，其中有一段描述是这样的：

"不管是前边、左边还是右边，都是朝东的，那西方去哪儿了呢？你可能以为，总有一天会看到西方，就像在浓雾中迷了路，总会看到远处那个晃动的点……可这是错误的！事实上，就连后边也一样，都是朝东的。在这个国家，除了东边以外，根本不存在其他任何方向。"

在地球上不存在前后左右都朝东的国家，但却有这样的地方：它周围都是南方或北方。如果在北极建一栋房子，那么，对于这栋房子而言，它四面都是朝南的，如果在南极的话，那么它的四面就都是朝北的。

常用的五种计时法

钟表是我们生活中很常见的一个物件，但是你有没有思考过，钟表所指示的时间究竟意味着什么呢？当人们说"现在是晚上 7 点"时，到底在表达什么呢？

你可能会说，当时钟表的时针正好指着"7"这个数字。那么，我再问你，这个数字"7"又代表什么呢？你可能说，这表示正午过后，又过去了一个昼夜的 $\frac{7}{24}$。可是，这一昼夜是怎样的一昼夜？它又是什么意思呢？

其实，我们经常会看到这样的表述："过去了的一个昼夜"。在这个描述中，"一个昼夜"指的是地球绕地轴自转一周所用的时间。那么，要怎样测量呢？我们可以找到观察者正上方天空中的一点，也就是天顶和地平线正南方的一点，然后将两个点连起来作为准线，测量太阳的中心两次经过这条准线的时间间

隔，这段时间就是一个昼夜。受其他因素的影响，这个时间间隔可能并不固定，但是差别不大。所以，我们没有必要严格要求手表、时钟一定要跟太阳的运动完全对应，更何况这对于人类而言，也是不太可能的。

一个多世纪以前，巴黎的钟表匠们曾经昭示人们："关于时间，我们一定不要相信太阳，它是个骗子。"这就出现了一个问题：如果我们不相信太阳，那要用什么标准来校正我们的钟表呢？实际上，这里说"太阳是个骗子"不过是夸张的说法，其意是提醒我们不要把实际的太阳作为参考，而是要利用太阳模型来作为校正标准。

这个模型不会发光发热，只是我们用来计算时间的标准。如果我们假定它的运行速度恒定不变，但在绕地球运行一周的时间上，与真实的太阳是一样的。

在天文学中，通常将这个模型称为"平均太阳"。当"平均太阳"经过准线时，我们把那个时刻称为"平均中午"，把两个"平均中午"之间的时间间隔称为"平均太阳日"。利用这个模型推算出的时间，就被称为"平均太阳时间"。

可以看出，"平均太阳时间"不同于真正意义上的太阳时间，但可以作为校正钟表的标准。如果你想知道某个地方真正的太阳时间，可以用日晷测定，它跟钟表的区别在于利用针影作为指针。

有人可能会认为，经过准线的太

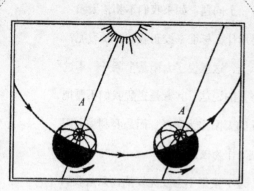

图6 太阳日比恒星日长。

阳时间间隔肯定会有差异，因为地球自转的时候速度是变化的，但这种观点是错的。其实，这个差异跟地球的自转毫无关系，而是由地球绕太阳公转的速度不均引起的，如图6所示。这里标记出了地球在公转轨道上连续运行时的两个点，在地球的右下方有一个箭头，它代表地球自转的方向。如果从北极点上看，地球的自转方向是逆时针的。对于左边地球上的点A而言，此时正好面对太阳，说明是正午12点。

我们知道，地球在自转的同时仍然在公转，那么，当它自转完一周时，它在公转轨道上的位置应当达到轨道中偏右的某个点上，也就是图中右边的地球表示的那样。此时，点A处的地球半径的方向没有变化，由于在公转轨道上位置发生了改变，所以点A不再正对着太阳，而是偏向了左边。换句话说，对于点A，此时不是正午。过几分钟，当太阳越过点A处的地球半径，点A那个地方才是正午。

从图6中可以看出，一个真正太阳日的时间比地球自转一周的时间稍长。我们假设地球以匀速来公转，且公转轨道是以太阳为圆心的一个圆，那么，"真正的太阳日"跟地球自转一周的时间就是固定的，我们很容易就能计算出来。而且，这个固定不变的、细微的时间差乘以一年的天数（365 天），刚好是一个昼夜。换句话说，地球围绕太阳公转一年所需的时间，比其围绕地轴自转一年的时间正好多一天，而一天恰恰是地球自转一周的时间。这样，我们就能计算出，地球自转一周需要的时间为：

$$365\frac{1}{4}昼夜 \div 366\frac{1}{4} = 23 小时 56 分 4 秒$$

实际上，这里算出的一昼夜的时间，也正好是地球以任何其他恒星为基准自转一周所需要的时间。所以，我们通常把这样的一昼夜称之为一个"恒星日"。很明显，一个恒星日比一个太阳日短 3 分 56 秒，四舍五入的话就是 4 分钟。需要注意的是，由于其他一些因素的影响，这个时间差也不是固定的。

第一，地球围绕太阳公转的速度不均，且公转的轨道是椭圆形的。所以，在距离太阳近的地方，速度快一些；在距离太阳远的地方，速度慢一些。第二，地球自转的轴跟公转轨道平面不完全垂直，有一个夹角。所以，真正的太阳时间跟平均太阳时间也不同。在一年之中，只有 4 月 15 日、6 月 14 日、9 月 1 日和 12 月 24 日这四天，这两个时间才是相等的。

我们还能够得出，在 2 月 11 日和 11 月 2 日这两天中，两个时间的差异最大，大约是 15 分钟。如图 7 所示，图中的曲线表示一年之中每天的真正太阳时间跟平均太阳时间的差异。在天文学上，通常将这个图称为时间方程图，主要用来表示平均太阳中午和真正太阳中午之间的时间差。比如在 4 月 1 日这一天，在准确的钟表上，真正的中午应该是 12 点 5 分。这就是说，图中的曲线只是表示了真正太阳中午的平均时间。

你一定听过"北京时间"和"伦敦时间"的表述，之所以这样说，是因为地球经度的不同，使得各经度上的平均太阳时间也不同。具体来说，每个城市都有它自己的时间。经过火车站的时候，我们也会注意到"城市时间"和"火车站的时间"不一样，这是因为"火车站的时间"是统一的，通常以该国首都或某个重要城市的时间来确定，火车都要

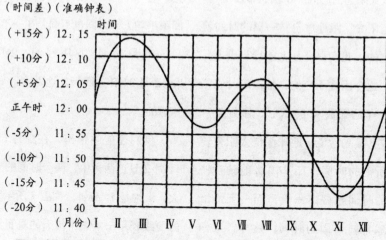

图 7 时间方程图。图中的曲线表示真正太阳日的中午在平均太阳时间是几点几分，如 4 月 1 日的真正中午在准确的钟表上应指到 12 点 5 分。

根据这个时间出发或到站。比如，俄国的火车站使用的时间以圣彼得堡的平均太阳时间为依据。

依照不同经度时间不同，我们将地球平均划分为 24 个相等的时区，在同一时区中，各地都采用这个时区的时间，也就是这个地区中间经线所对应的平均太阳时间。所以，地球上只有 24 个互不相同的时间，并不是说每个地方都以自己的地方时间为准。

我们在前文中一共讨论了三种计时类型，也就是真正太阳时间、当地的平均太阳时间和时区时间。除此以外，天文学家还经常使用另外的一种时间类

型，那就是恒星时间。它是通过恒星日计算出来的一种时间。我们说过，恒星时间比平均太阳时间短 4 分钟左右，在每年的 3 月 23 日，两个时间才会重合。但是，从重合的第二天起，每天的恒星时间就会比平均太阳时间早 4 分钟。

还有一种计时类型，我们将其称为"法令规定时间"，它比时区时间提前 1 小时，这是为了调整每年白天较长季节的作息时间，通常是从春天到秋天，这样能促使人们减少燃料使用量和用电量。不少西欧国家只在春季使用这一时间，也就是把春季开始时的半夜一点拨快一个小时到两点，到了秋季再把钟表

往回拨 1 个小时，恢复到原来的时间。在俄国，全年都会调整钟表的时间，为的就是减少发电厂的负荷。

顺便提一下，俄国是从 1917 年开始使用法令规定时间的，且一度曾把时间提前几个小时。中间有几年一度中断过，从 1930 年春天开始，政府又重新规定，继续使用法令规定时间，并把地区时间统一提前了 1 个小时。

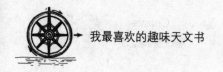

白昼有多长

查阅天文年历表，我们能够算出，任何地方在一年中任意日期精确的白昼时长。不过，在日常生活中，我们不需要如此精确的数值，只要近似值就够了。如图8所示，这里的数据就足够我们使用了。

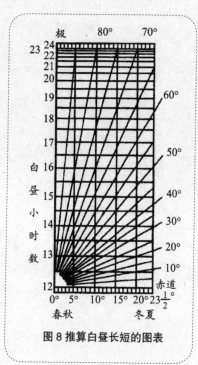

图8 推算白昼长短的图表

图中，左边的数字表示当天白昼的小时数；下面的刻度表示太阳和天球赤道的角距，称为太阳赤纬，通常表示为度数；斜线表示观测点的纬度。为了方便查询，我们在表中列出了一年中某些特殊日期的赤纬，作为参考。

题目1：对于处在北纬60°的圣彼得堡来说，4月中旬的昼长时间是多少？

解答：通过查阅上表，我们可知，在4月中旬的时候，太阳赤纬是+10°。图-8中，沿下面的10°这一点作底边的垂直线，这条垂线将与纬度为60°的斜线相交于一点；从这个交点横对过去所对应的左侧数字为 $14\frac{1}{2}$，即所求的昼长时间为14小时30分。需要注意的是，这个值为近似值，因为上面的图表中没有考虑大气折射的影响。

太阳赤纬	日期
$-23\frac{1}{2}°$	12 月 22 日
$-20°$	1 月 21 日，11 月 22 日
$-15°$	2 月 8 日，11 月 3 日
$-10°$	2 月 23 日，10 月 20 日
$-5°$	3 月 8 日，10 月 6 日
$0°$	3 月 21 日，9 月 23 日
$+5°$	4 月 4 日，9 月 10 日
$+10°$	4 月 16 日，8 月 28 日
$+15°$	5 月 1 日，8 月 12 日
$+20°$	5 月 21 日，7 月 24 日
$+23\frac{1}{2}°$	6 月 22 日

注：表中的"+"表示在天球赤道的北面，"—"表示在天球赤道的南面。

题目 2：对于处在北纬 46°的阿斯特拉罕来说，11 月 10 日的昼长时间又是多少？

解答：同理，11 月 10 日这一天，太阳位于天球的南半球，太阳赤纬是 $-17°$，查表可知，这个数字刚好也是 $14\frac{1}{2}$，但这个数字不是昼长时间，而是夜长时间，因为这里的赤纬是负数。所以，所求的昼长时间应该是 $24-14\frac{1}{2}$

$=9\frac{1}{2}$ 小时，也就是 9 小时 30 分。

此外，通过这一数值，我们还能计算出日出的时间：将 9 小时 30 分减半，也就是 4 小时 45 分，通过图 −7 可知，在 11 月 10 日这一天，真正的中午应该是 11 时 43 分，所以，这一天的日出时间就是：

11 时 43 分 − 4 时 45 分 = 6 时 58 分

同理，这一天的日落时间是：

11 时 43 分 + 4 时 45 分 = 16 时 28 分

即下午 4 时 28 分。

可见，有时我们完全可以用图 7 和图 8 来代替某些天文年历表格。

依照前面介绍的方法，我们不但能计算出昼夜的长短，还能计算你居住地全年的日出日落时间，以及昼夜的时长。如图 9 所示，纬度 50°处的图表。不过，有一点需要注意，这个图中列出的时间不是当地的法定时间，而是当地时间。得知这一原理后，我们只需知道某个地方的纬度，就能够轻松地绘制出这样一张图表。通过这个图表，我们就能清晰地看出任意一天的日出日落时间。

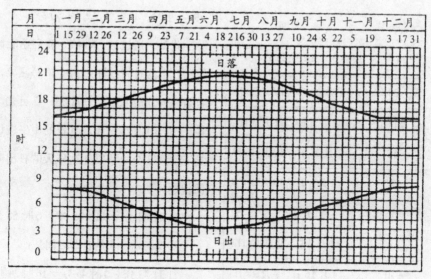

图 9 纬度为 50° 的地区一年中太阳升落时间对照表。

影子去哪儿了

请你仔细观察一下图-10，看出有什么异常了吗？

可能有人会说，明明是白天，这个站在室外的人竟然没有影子？

这张图是按照一张实地拍摄的照片临摹的，也就是说，画中的情况是真实存在的。不过，图中这个人所站的地方是在赤道附近。画面中，太阳刚好位于这个人的头顶正上方，我们将这个区域称之为"天顶"。但是，如果这个人位于赤道至纬度23.5°以外的任何地方，太阳永远不会到达天顶，也就不会出现这样的情况。

每年的6月22日，太阳刚好到达北回归线附近，也就是北纬23.5°。我们生活在北半球，这一天正午太阳达到最高值，此时它位于北回归线上各个地方的天顶。6个月后，也就是12月22日，太阳到达南回归线附近，也就是南纬23.5°。这一天，在南回归线的各个地方，都可以看到太阳位于天顶。

大家都知道，热带位于南北回归线之间。所以，热带的人们一年中可以两次看到太阳位于天顶。那时，所有的人或其他物体的影子，都刚好在自己的脚

图10 阳光下的人居然没有影子，这种现象只在赤道附近发生。

下面，看上去就像是没有影子一样，这就是图 10 中的景象。

如图 11 所示，图中画出了一天当中南北两极地区的影子变化，你可能觉得我在开玩笑，但其实这是真的。就像你看到的那样，这里的人可以同时产生好几个影子。这幅图直观地说明了极地上太阳的特点：在太阳光下，一个昼夜内，人的影子长度没有发生任何变化。因为在南北极上，太阳一昼夜的运行路线几乎都平行于地平线。但在地球上的其他地区，太阳的运行轨迹跟地平线是相交的。

需要说明一点，在图 11 中有一处错误，图中人的身高比影子长了许多，这种情况只有在太阳高度角是 40°时才有可能出现。在地球两极，太阳的高度角小于 23.5°，所以，这是根本不可能发生的事情。通过一些简单的计算，我们可以知道，在南北两极上，物体的影子至少是物体高度的 2.3 倍，甚至更多。感兴趣的读者，可以用三角学原理计算一下。

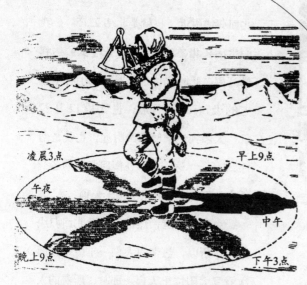

凌晨3点　　早上9点

午夜

中午

晚上9点　　下午3点

图 11 地球的南北两极地区，物体的影子长度在一天中不会发生变化。

物体重量跟运动方向有关系吗

两列完全相同的火车，以相同的速度相向而行。其中一列火车由东向西行驶，另一列由西向东行驶。试问：哪一列火车更重一些？如图 12 所示。

答案就是，由东向西行驶的列车更重一些。或者说，这列火车对铁轨的压力更大一些。原因是，它行驶的方向与地球自转的方向相反。火车行驶的时候，受离心力的影响，这列火车围绕地球自转轴运动的速度略小，所以它减少的质量也相对小一些。

如果给出一些条件，我们还能计算出确切的差值。假如这两列火车的时速为 72 千米，它们在纬线圈 60°上行驶。依据天文学知识，我们可以知道，这个纬度上的各个地方都是以 230 米／秒的速度围绕地球的自转轴运动。所以，跟地球自转方向相同的那列由西向东行驶的列车，它的旋转速度是（230+20）米／秒，也就是 250 米／秒；而另一列火车

图 12 两列相向而行的火车，受离心力的影响，由东向西行驶的
火车更重一些。

的旋转速度则是 210 米／秒。

纬度 60°的纬线圈，其半径为 3200 千米。所以，前一列火车的向心力加速度就是：

$$\frac{V_1^2}{R} = \frac{25000^2}{320000000} \text{ 厘米／秒}^2$$

后一列火车的向心力加速度为：

$$\frac{V_2^2}{R} = \frac{21000^2}{320000000} \text{ 厘米／秒}^2$$

它们的向心力加速度的差为：

$$\frac{V_1^2 - V_2^2}{R} = \frac{25000^2 - 21000^2}{320000000} \approx 0.6 \text{厘米／秒}^2$$

由于向心力加速度的方向和重力方向的夹角为 60°，所以叠加到重力上的部分就是：

$$0.6 \text{厘米／秒}^2 \times \cos 60° = 0.3 \text{厘米／秒}^2$$

跟重力加速度相除，就是 0.3／980，即 0.0003。

综上所述，跟由东向西行驶的列车相比，由西向东行驶的列车的质量减轻了 0.0003。如果一列这样的火车，由 1 个火车头和 45 节车厢组成，它的质量约为 3500 吨，此时，它们的质量差为：

3500 吨 ×0.0003 = 1.05 吨 = 1050 千克

如果是排水量为 2000 吨、速度为 35 千米／小时的大轮船，这个质量差大概是 3 吨。两艘这样的大轮船分别由西向东和由东向西以这样的速度行驶时，如果沿着纬度 60°的地方行进，那么，向西行驶的轮船比向东行驶的轮船重 3 吨左右，这一点从吃水线上就能清晰地看出来。

通过怀表辨认方向

当我们在野外的时候，身上没有指示方向的工具，该如何辨别方向呢？如果有太阳的话，怀表就可以帮我们识别方向。方法很简单，只要把怀表平放在地上，时针指着太阳，找出时针跟 12 点方向的夹角，这个夹角的平分线所指的方向就是正南。

这个方法的原理很简单：太阳东升西落，在天上走一圈所花的时间是 24 小时，而在怀表的表面上，时针走一圈所花的时间是 12 小时。后者走的弧度，刚好是前者的 2 倍。所以，只要把怀表上的时针走过的弧度平分一下，就是午时太阳所处的方向，即正南方向，如图 13 所示。

需要说明的是，这个方法虽然简单，但不太精确，有时甚至会产生几十度的误差。因为，怀表一直平行于地面，只有在极地上，太阳在天上运行时才会与地面平行，而其他的地方太阳与地平线总会有一个夹角，尤其是在赤道上时，它们是相互垂直的。所以，除了在极地上，在地球上的任何其他地方，都不可避免地会有误差。

图 13 在野外用怀表辨别方向。

我们可以看一下图14：a图中，观测者位于图中的点 M 处，点 N 为北极点，圆 HASNRBQ（天球子午线）刚好同时通过观察者所在的天顶和天球的北极。我们可以通过量角器测量出天球的北极在地平线 HR 的高度 NR，从而计算出观察者所在的纬度。这时，观察者如果站在点 M 看点 H，他的前方就是正南方。

在图14中，如果我们从侧面观察太阳在空中的运动轨迹，会发现这一轨迹是一条直线，而不是弧线，且这条直线被地平线 HR 分成了两段，在地平线上面的部分是太阳在白天的运动轨迹，在地平线下面的是晚上的运动轨迹。到了每年的春分和秋分，太阳白天和晚上运行的路线相等，也就是图中的直线 AQ；跟这条直线平行的直线 SB，就是夏天时太阳的运动轨迹。从图中可以看出，这一路线多半都处于地平线以上，也就是说，夏天的白昼要比黑夜长一些。太阳每小时的运动轨迹是其全长的 $\frac{1}{24}$，也就是 $\frac{360°}{24} = 15°$。不过，有一点很奇怪，我们通过计算得出，午后3点的时候，太阳应该在地平线西南 $15° \times 3 =$

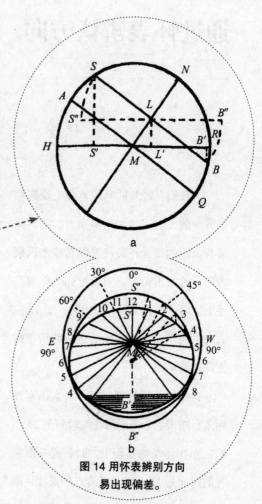

a

b

图 14 用怀表辨别方向易出现偏差。

45°的地方，可实际的情况却有点偏差。这是因为，在太阳的运行轨迹上，同样长度的弧线投射到地平面上的影子不一样长。

我们可以深入分析一下：如 b 图所示，图中的 SWNE 表示在天顶上看到的地平面，直线 SN 是天球的子午线，观察者站在点 M。太阳在天空运行时，它的轨道中心的投影不是点 M，而是 L'，参见 a 图。如果我们把 a 图中的 SB 转移到 $S''B''$ 的位置，就是把太阳的运行轨迹移到水平面上，并将其分成24等分，即每份15°。然后，我们把这个圆形轨迹恢复到原来的位置，再投影到地平面上，就可以得到一个中心点为 L 的椭圆形，参见 b 图。在圆 $S''B''$ 上，我们分别在24个等分点上作直线 SN 的平行线，这样就可以在椭圆上找出24个点，那么，这些点就是太阳在一昼夜内每个时刻的位置。这些点之间的弧线长度都不等，对于在点 M 的观察者来说，感觉会更明显，因为点 M 不是椭圆的中点。

通过计算，我们可知，夏天的时候，在纬度35°的某处用怀表来辨认方向，会有很大的误差。在 b 图中，下端的阴影部分代表晚上，也就是说，日出时间

在早晨的3~4点钟。依据用怀表辨认方向的方法，太阳抵达正东方向的点 E 时不是怀表上显示的时间6点，而是7点半。此外，在正南偏东60°的地方，太阳是9点半升起，而不是8点升起；在正南偏东30°的地方，太阳是11点升起的，而不是10点；在正南偏西45°的地方，太阳是下午1点40分升起，而不是下午的3点；日落时间是下午的4点半，而不是6点。

还需要说明的是，怀表指示的时间是法令规定的时间，不是当地真正的太阳时间。从某种意义上来说，这一方法也会影响怀表辨认方向的准确性。由此说来，怀表虽然能辨别方向，但不够精确。只有在某些特殊的时期，如春分、秋分或冬至时，误差会小一些，因为此时观测者所处位置的偏心距为0。

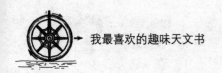

为什么会有黑昼与白夜

在俄罗斯的一些经典文学作品中，经常会看到这样的描述，如"白色的黑暗"，或"空灵的光芒"等，这些唯美的描述，说的就是圣彼得堡的白夜。

每年四月中旬，圣彼得堡就进入了"白夜季"。此时，人们会纷纷跑到这里观赏美轮美奂的光芒。从客观的角度来说，这一奇观是很正常的天文现象，跟晨曦、晚霞没有本质的差别。俄国著名诗人普希金在他的作品中有过这样的描述："天空与霞光在远处交接，黑夜被它们驱逐而去，剩下的是灿烂的金光。"其实，白夜就是晨曦和晚霞之间转换的那一时刻。在纬度较高的某些地区，太阳在昼夜运行过程中始终处于地平线 17.5°以上，晚霞还没有褪去，晨曦已经出现，所以这里就不会有夜晚。

不是只有圣彼得堡才会出现白夜现象，在它南面的一些地方同样也有这一奇特景观。比如莫斯科，每年的 5 月中旬到 7 月底之间，也能看到白夜现象，但那里的天空看起来会比同一时刻的圣彼得堡暗一些。在圣彼得堡，5 月份就能够看到白夜，而在莫斯科却要晚一两个月才能看到。

在俄国境内，能看到白夜的最南端是波尔塔瓦地区，它的纬度是 49°。在这个纬度上，每年的 6 月 22 日，我们能看到白夜现象，从这个纬度越往北，白夜持续的时间越长，且亮度更高，比如叶尼塞斯克、基洛夫、古比雪夫、喀山、普斯可夫等地，都能看到白夜。不过，由于这些地方都位于圣彼得堡的南面，所以跟圣彼得堡相比，白夜的日子少一些，且出现白夜景观时的天空也没有圣彼得堡的亮。

在圣彼得堡的北边，有一个叫普多日的城市，这里出现白夜景观时的天空比圣彼得堡还要亮很多。在距离它不远的城市阿尔汉格尔斯克，能看到更加明亮的白夜；而在斯德哥尔摩，看到的情形和圣彼得堡差不多。

　　除了前面提到的这种白夜，还有另一种白夜，它不是晚霞和晨曦的更替，而是根本就没有晚霞和晨曦，完全是不间断的白天。因为，在地球上的一些地方，太阳只是掠过这个地方的地平线，而没有落到地平线的下面。比如，在纬度 65°42′ 以北的地区，就能看到这种白夜。如果再往北，到了纬度 67°24′ 的地方，我们看到的则是跟白夜完全相反的景观，也就是黑昼。那里的晨曦和晚霞不是在午夜更替，而是在中午，所以，那里是不间断的黑夜。

　　其实，在一些地方，我们可以在看到白夜，也可以看到黑昼，且两者的明亮程度差不多，只不过它们出现的季节不同。比如，在某个地方，我们在 6 月份看到了不下山的太阳，那么，还是在这个地方，到了 12 月份，一定有一段时间，我们会看不到太阳。

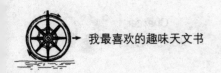

光明与黑暗的交替

小时候，你是不是也认为，太阳每天都会准时升起，准时落山？可是，学习了白昼和黑夜的知识后，你就会发现，事情远不是那么简单的！在地球上，昼夜交替这一常见现象在不同的地方也各不相同，且昼夜与光暗的交替也不是一一对应的。为了便于讨论这个问题，我们可以将地球划分成 5 个地带，分别表示光明与黑暗的不同交替方式。

第 1 个地带位于南纬 49°与北纬 49°之间，该地域每个昼夜都有真正的白天和黑夜。

第 2 个地带位于纬度 49°~65.5°之间，该地域属于白夜地带，包括俄国境内的波尔塔瓦以北的部分地区，在夏至前就会出现白夜。

第 3 个地带位于纬度 65.5°~67.5°之间，该地域属于半夜地带，在这一区域，每年的 6 月 22 日前后几天，都能看

到不落的太阳。

第 4 个地带位于纬度 67.5°~83.5°之间，该地域属于黑昼地带。每年的 6 月，这里会看到不间断的白昼；到了 12 月份，又能看到不间断的黑夜，这些日子全天被晨曦和黄昏笼罩着。

第 5 个地带位于纬度 83.5°以北，该地域光暗的交替比较复杂。前面我们说过，圣彼得堡的白夜不过是白昼和黑夜进行非正常的交替，而在这里情况却不同。每年的夏至到冬至之间，这里可以感受到五个季节的变化，我们也可以将其称为 5 个阶段：第 1 阶段是持续的白昼；第 2 阶段的半夜时分，会交替出现白昼与微光，但不会看到真正意义上的黑夜，跟圣彼得堡的夏夜相似；第 3 阶段，看不到真正的白昼与黑夜，都是持续的微光；第 4 阶段基本上还是微光，只是半夜前后会出现更加黑暗的时段；

第 5 阶段是持续的黑夜。从冬至到第二年的夏至，这 5 个阶段按照相反的顺序进行重复。

我们这里主要分析的是北半球的情况，其实南半球也是这样。在相应的纬度上，也会出现类似的现象。可能会有读者说，根本没有听说过南半球也有白夜？其实，这没什么奇怪的，因为南半球跟圣彼得堡对应的纬度上全是海洋，根本没有陆地。只有那些勇敢的航海家和探险家到南极探险的时候，才能领略这些美妙的奇观。

北极太阳之谜

一位探险家到北极探险时，看到过这样一幕奇特的景观：

在夏季的北极，当阳光照射到地面上时，地面没有发热，可如果照射到直立的物体上，温度却很高。比如，垂直于地面的房屋墙壁和峭壁，在阳光的照射下会变得很烫，直立的冰山融化的速度会变快，木船舷上的树胶被晒化，人的皮肤也很容易被晒伤。

为什么会出现这样的情况呢？

我们可以从物理定律来解释：阳光照射物体表面的角度越接近垂直，它发挥的作用越明显。夏季时，由于北极地区太阳所处的位置很低，通常太阳的高度都低于45°，如果物体垂直于地面，那么它与阳光之间的夹角就会大于45°。这样，太阳所发挥的作用就比照射在地面上大一些，因而照射的效果也更强。

四季开始于哪一天

天文学上将北半球每年的 3 月 21 日作为冬天的结束和春天的开始，无论这一天的天气是什么样子，也无论它的气候是冷是暖。可能你会问：为什么要把这一天作为冬季和春季的分界线呢？这是依照什么制定的呢？

从天文学上来说，春季的开始并不是根据大气的气候变化而定的，因为气候总在不停地变化。在某个特定的时刻，在同一时间点，北半球上可能只有一个地方会出现真正意义上的春天。因此，气候特征跟季节变化没有特定的关系。天文学家对于四季的划分，主要是依据中午时分太阳的高度角、白昼的长短等天文学因素，气候只是一个参考值。

之所以选择 3 月 21 日，是因为这一天的晨昏线刚好经过地球的两极。我们可以通过一个实验模拟一下：找一只普通的灯，把它发出的光射向地球仪，让地球仪上被照亮的那一区域的分界线刚好跟经线重合，并且与赤道的所有纬线圈都垂直。之后，慢慢转动地球仪，你会发现，地球表面上任意一点在转动的时候，光亮与黑暗刚好平分它的圆周轨迹。

通过实验可知，每年的这个时候，地球表面上任何地方的昼夜长度都相等。这一天的白昼刚好是一个昼夜的 $\frac{1}{2}$，即 12 小时。对于世界各地的人们来说，这一天的日出时间是早上 6 点，日落时间是晚上 6 点。

在 3 月 21 日这一天，世界上所有地方都是昼夜平分的，天文学上将这一天称之为"春分"。同理，到了下半年的 9 月 23 日，又是一个昼夜平分的时刻，天文学上将其称为"秋分"。春分表示冬春交替，秋分表示夏秋交替。对于南半球来说，情况刚好相反，当北半球到

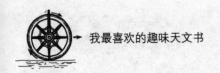

春分时，南半球是秋分。换而言之，在赤道的这一边，当冬春正在交替时，另一边则是夏秋交替。

在一年之中，昼夜长短的变化是这样的：从9月23日至12月22日，北半球的白天会逐渐缩短；从12月22日至第二年的3月21日，白天又会逐渐变长。这期间，白天总比黑夜短。从3月21日至6月21日，白天会逐渐变长；从6月21日至9月23日，白天又逐渐缩短。这期间，白天总比黑夜长。

就北半球而言，天文学上四季的开始与结束，就是上述提到的四个日期。我们不妨概括总结一下：

3月21日——昼夜等长——春季开始；

6月22日——白天最长——夏季开始；

9月23日——昼夜等长——秋季开始；

12月22日——白天最短——冬季开始。

南半球的情况，刚好与之相反，读者们可以自己罗列一下。

为了加深大家对这一内容的理解，我们不妨做几道练习题。

题目1：在地球上，哪个地方都是昼夜等长的？

解答：赤道上全年的昼夜长度相等，因为地球无论在什么位置，地球受太阳照亮的一面总会把赤道平分。

题目2：今年的3月21日，塔什干是几点日出？同一天，东京又是几点日出？在南美洲阿根廷的首都布宜诺斯艾利斯，又是几点日出？

解答：在春分和秋分，地球上所有的地方都是早上6点日出，晚上6点日落。

题目3：9月23日这一天，新西伯利亚是几点日出？纽约是几点日落？好望角又是几点日落？

解答：答案同上，在春分和秋分，地球上所有的地方都是早上6点日出，晚上6点日落。

题目4：8月2日，赤道上是几点日出？2月27日那天呢？

解答：赤道全年都是早上6点钟日出。

题目5：7月有没有可能出现严寒？1月有没有可能出现酷暑？

解答：在南半球的中纬度地区，7月可能出现严寒，1月可能出现酷暑。

有关地球公转的三个假设

生活中的不少现象，我们都司空见惯了，但要想解释它们，却并不容易，甚至比许多奇特的现象更难解释。比如，我们通常用十进制来进行计数，如果突然让我们换成七进制或十二进制，就觉得非常别扭，同时也会感觉，十进制真的是太简单了。再如，我们学习非欧几里得几何时，才感觉以前学过的欧几里得几何学真是既简单又实用。在天文学上，我们也经常会做一些假设，帮助我们更好地学习地心引力在日常生活中的应用。下面，我们就来看几个假设，以便更好地解释地球绕日运行。

大家都知道，地球绕日运行时，轨道平面跟地轴之间有一个夹角，大概是 $\frac{3}{4}$ 个直角，也就是66.5°。现在，我们假设这个角是直角，即90°，也就是假设地球运行轨道所在的平面与地轴垂直。试想一下：世界会变成什么样？

（1）假设地球公转轨道所在的平面与地轴垂直

这不禁让我想到凡尔纳的幻想小说《底朝天》。小说中，炮兵俱乐部的会员也提出过这样的假设，炮兵军官想"把地轴竖起来"，就是让地轴垂直于地球公转所在的平面。如果这个假设能变成真的，自然界会变成什么样子呢？

第一个变化体现在小熊座α星，也就是我们经常提到的北极星上，它将不再是我们认为的"北极星"。因为，当这个夹角变成直角后，星空旋转时的中点会发生变化，小熊座α星将远离地轴的延长线。

第二个变化体现在四季上，更为准确地说，就是不再有明显的四季交替。这里我们需要说明一下，为什么会有四季交替的现象？从一个最简单的问题入手：为什么夏天要比冬天热呢？

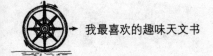

我们生活的北半球，夏季比冬季热，主要原因有两个：

第一，地轴与地球公转轨道所在的平面有一个夹角，导致夏天的时候，地轴北端距离太阳更近，白天比黑夜更长，太阳照射到地面上的时间较长。由于黑夜比较短，散热的时间也短，使得地面吸收的热量大于散掉的热量。

第二，因为这个夹角的存在，使得白天时地面与阳光形成的角度大一些。换而言之，夏天的地面被太阳光照射的时间很长，照射的程度也很强，冬季却刚好相反。

同理，南半球的情况也是这样。只不过，和北半球相比，时间上差了6个月。春秋两季，南北半球的气候差不多，因为此时太阳和南北极的相对位置一样，地球的晨昏线几乎跟经线重合，所以白天和黑夜几乎一样长。

现在，我们要说前面的假设：如果地轴和地球公转轨道平面垂直，那么四季更替将不复存在。因为，这个时候地球跟太阳的相对位置不再发生变化，地球上的每一个地方，季节都不再变化，总是停留在一个季节，或是春季或是秋季，且每个地方的昼夜都一样长，就跟现在的3月下旬或9月下旬一样。木星就是这样的情况，它的轴与绕日运转的轨道平面垂直。

跟热带相比，温带的变化更明显。到了两极，气候和现在的情况会截然不同。由于大气对光有折射作用，对于两极上的天体而言，它们的位置会比现在高一些，如图15所示。这样的话，太阳就一直浮动于地平线上，不会出现东升西落的现象，且南北极永远都是白昼。

图15 地球大气折射图。从太阳 S_2 射来的光线，穿过地球上的每一层大气层时，都会因为折射作用而发生偏移，使得观察者觉得光线是从 S_2' 射出来的。虽然 S_1 处的太阳已经落山，但在大气的折射作用下，观察者还能看到它。

确切地说，应该是永远处于早晨。虽然太阳一直在很低的位置，斜射带来的热量并不多，但由于它不间断地照射，使得原本严寒的地区变得温暖如春。也许，这也就是地轴垂直于地球公转轨道平面给我们带来的唯一好处。可是，对于地球其他的地区而言，却是一个无法估量的损失。

（2）假设地轴和地球公转所在平面成45°角

这一次，假设地轴跟地球公转平面的夹角不是90°，而是45°，那么春分和秋分依然是昼夜相等，跟现在没什么区别。可是，到了6月，由于太阳处于纬度45°的天顶，而不是23.5°，那么，在地球纬度45°上就会出现热带气候。圣彼得堡所在的纬度是60°，也就是说，太阳距离天顶是15°，在这样的情况下，纬度60°地区的气候将变成现在的热带气候。

另外，现在的温带将不复存在，热带和寒带直接连在一起。整个6月，莫斯科和哈尔科夫将会一直是白昼。到了冬季，情况又会反过来。在整个12月，莫斯科、基辅、哈尔科夫以及波尔塔瓦

等城市，将会一直处于黑夜。冬季的时候，现在的热带地区将会出现温带气候，因为中午的时候，太阳高度处于45°以下。

在这个假设之下，除了极地地区会受益一些以外，热带地区和温带地区会发生很大的变化，给整个地球带来巨大的损失：冬天会比现在变得更冷，而两极将一直是温暖的夏季，中午太阳高度在45°，这样的情况会持续整整半年。在温暖的阳光照射下，南北极的冰雪都会融化。

（3）假设地轴位于地球公转轨道的平面

这个假设听起来很疯狂，如图16所示，此时地轴位于地球公转运行轨道

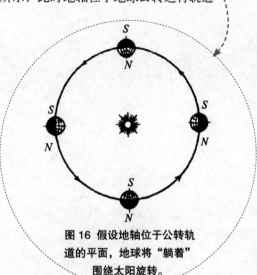

图16 假设地轴位于公转轨道的平面，地球将"躺着"围绕太阳旋转。

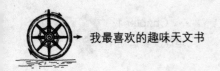

的平面上，也就是说，地球"躺着"围绕太阳旋转，同时还围绕地轴自转。在这样的情况下，会产生什么结果呢？

在这个假设之下，极地附近的地区将会出现长达半年的白昼，以及长达半年的黑夜。在半年白昼期间，太阳会沿着一条螺旋线慢慢从地平线升到天顶的位置，而后又沿着螺旋线慢慢降落到地平线以下。昼夜交替时，会出现不间断的微明。这是因为，太阳在没有完全落入地平线之前，会连续几天在地平线处起伏，且还会围绕天空旋转。到了夏季，冰雪会快速地融化。在中纬度地区，白

昼会从春季开始慢慢变成，直到出现连续不断的白昼。

刚刚提到的情况，跟天王星的情况有些相似，因为天王星的自转轴跟公转轨道平面的夹角只有8°，基本上就是躺着围绕太阳公转的。

我们一共进行了3个假设，且对每一种假设都做了分析，相信你已经对地轴的倾斜度与气候的关系有了一定的认识。在希腊文中，古代的"气候"一词就是"倾斜"的意思，可见，这样的解释不是偶然的。

地球公转轨道更扁长会造成什么后果

接下来，我们研究一下地球公转轨道的形状。地球的运行与其他行星一样，都遵守开普勒第一定律，即行星在椭圆形的公转轨道上运行，太阳位于椭圆的

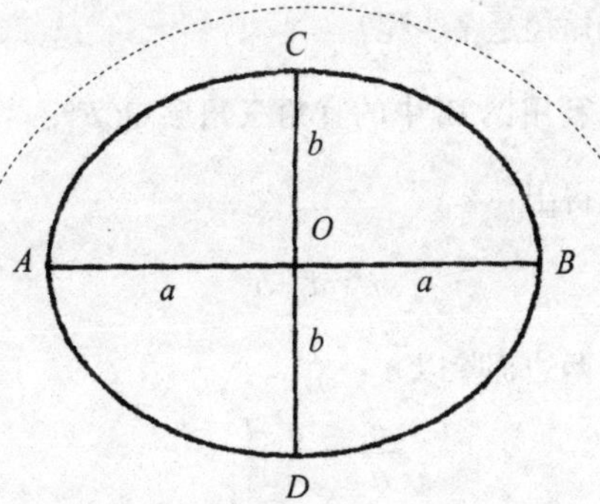

图17 在椭圆形中，*AB* 为长径，*CD* 为短径，中心为 *O* 点。

焦点。

那么，地球公转轨道究竟是一个什么样的椭圆形呢？

在中学的教科书上，我们经常会看到，地球公转轨道被画成一个拉得很长的椭圆形，这让很多人误以为，地球的

公转轨道就是一个标准的椭圆形。实际的情况并非如此，地球公转轨道基本上跟圆形差不多，如果画在纸上，你可能会以为它就是一个圆，哪怕把这个轨道的直径画成1米，肉眼看起来依然跟圆形差不多。所以，就算是艺术家那样敏锐的眼睛，也很难区分这种椭圆形和圆形。

如 图 17 所示，这是一个椭圆，*AB* 是椭圆的长径，*CD* 是短径。除了"中心"点 *O* 以外，长径 *AB* 上还有两个重要的点，被称为"焦点"，它们对于中心点 *O* 两边相互对称。在 图 18 中，我们以长

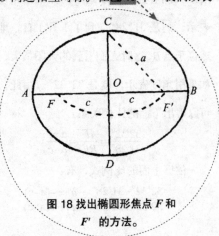

图18 找出椭圆形焦点 *F* 和 *F'* 的方法。

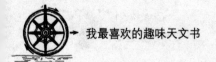
径 AB 的 $\frac{1}{2}$，即以 OB 为半径，以短径的端点 C 为圆心画弧，与长径 AB 交于点 F 和点 F'，那么，这两个点就是椭圆的焦点。这里，OF 的长度与 OF' 相等，通常用 c 表示，而长径和短径经常用 $2a$ 和 $2b$ 表示。c 与 a 的比值，也就是 $\frac{c}{a}$ 代表椭圆伸长的程度，在几何学上称之为"偏心率"，偏心率越大，椭圆跟圆形的差别越明显。

可见，倘若我们知道了地球公转轨道的偏心率，就能够确定它的形状。计算偏心率无须知道轨道的大小。我们说过，太阳位于椭圆轨道的一个焦点上，所以，地球公转轨道上的点到太阳的距离都不相等，这就使得太阳看上去时大时小。比如，在 7 月 1 日那天，太阳位于图 -18 的焦点 F'，而地球位于点 A，所以人们看到的太阳最小，如果用角度表示，则是 $31'28''$。到了 1 月 1 日，地球位于点 B，这时人们看到的太阳最大，如果用角度表示，就是 $32'32''$。由此，可以得出下面的比例关系：

$$\frac{32'32''}{31'28''}=\frac{AF'}{BF'}=\frac{a+c}{a-c}$$

依据上面的比例式，有：

$$\frac{32'32''-31'28''}{32'32''+31'28''}=\frac{a+c-(a-c)}{a+c+(a-c)}$$

即：

$$\frac{64''}{64'}=\frac{c}{a}$$

于是又有：

$$\frac{c}{a}=\frac{1}{60}=0.017$$

这就是说，地球公转轨道的偏心率是 0.017。可见，只要测出太阳的可视圆面，就能确定地球公转轨道的形状。

我们还能用下面的方法验证椭圆轨道和圆形的区别。如果把地球公转轨道画作一个半长径为 1 米的椭圆，那么，它的短径是多少呢？

利用图 18 中的直角三角形 OCF'，可以得出：

$$c^2=a^2-b^2$$

两边都除以 a^2：

$$\frac{c^2}{a^2}=\frac{a^2-b^2}{a^2}$$

$\frac{c}{a}$ 是地球轨道的偏心率，等于 $\frac{1}{60}$，而 $a^2-b^2=(a+b)(a-b)$，a 和 b 的差别很小，所以，我们可以用 $2a$ 来代替 $(a+b)$，即把上式简化为：

$$\frac{1}{60^2}=\frac{2a(a-b)}{a^2}=\frac{2(a-b)}{a}$$

所以：

$$a-b=\frac{a}{2\times60^2}=\frac{1000}{7200}$$

这个值小于 $\frac{1}{7}$ 毫米。

可见，就算是在这么大的一个圆上，

这个椭圆轨道的半长径和半短径也只差了不到 $\frac{1}{7}$ 毫米,比铅笔画的线还要细。所以,就算把轨道画成圆形也没关系。

我们不妨来分析一下,在这张图上,太阳应该在哪儿?前面我们说过,它应该在焦点上,那它距离中心有多远呢?换句话说,图中的 *OF* 或 *OF'* 有多长呢?我们可以通过计算得出:

$$\frac{c}{a} = \frac{1}{60}, \ c = \frac{a}{60} = \frac{100}{60} = 1.7$$

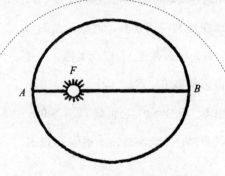

图 19 假设地球公转轨道比正常情况下扁长许多,且焦点在半长径的中点。那么,北半球的冬季太阳高度会变得很低,天气会变暖。

这就是说,太阳在距离轨道中心 1.7 厘米的地方。如果把太阳的直径画成 1 厘米,恐怕艺术家也难以发现它是不是处在轨道的中心。

所以,我们画地球公转的轨道时,完全可以把太阳画在轨道的中心,用圆圈来表示。

通过分析我们可知,太阳所处的位置很接近轨道的中心。从严格的意义上讲,如果它真的处在中心位置,会不会影响到气候呢?我们可以深入探讨一下。

假设地球公转轨道的偏心率增加到 0.5,即椭圆的焦点刚好平分它的半长径,这时的椭圆会更加扁长,像鸡蛋一样。当然,这里只是做一个假设。实际上,在整个太阳系中,水星轨道的偏心率是最大的,大约是 0.25。

如图 19 所示,假设地球在 1 月 1 日时依然位于距离太阳最近的点 *A*,在 7 月 1 日时位于距离太阳最远的点 *B*,由于 *FB* 是 *FA* 的 3 倍,所以 7 月 1 日的太阳到地球的距离将是 1 月 1 日的 3 倍,1 月的太阳视直径是 7 月的 3 倍。太阳照射到地面的热量与它跟地球的距离平方成反比,所以,1 月时地面接受到的热量是 7 月的 9 倍。这就是说,在北半球,虽然冬季的太阳高度很低,昼短夜长,但因为距离太阳很近,依然能够接受到更多的热量,所以天气也变得暖和很多。

依据开普勒第二定律,我们知道,

在同样的时间里，向量半径扫过的面积是相等的。这里的"向量半径"指的是太阳和行星的连线。当地球围绕太阳公转时，向量半径会不断变化，且在运动时扫过一定的面积。依据开普勒定律，在同样的时间里，这些面积应该是相等的。如图 20 所示，依据这一原理，想在相同的时间里使扫过的面积相等，那么，地球在运行到距离太阳较近时的速度要比距离太阳较远时的速度快一些，因为向量半径小一些。

在前面的假设下，每年的 12 月到第二年的 2 月，由于地球距离太阳很近，它运行的速度应该比 6 月到 8 月快。也就是说，在北半球，冬天将过得很快，且夏天会变得很长，这样地面接受到的热量会更多。

由此，我们可得出图 21 所示的季节长短图。

图中的椭圆形是假定偏心率为 0.5 时的地球公转轨道。为了便于分析，我们把轨道划分为 12 段，分别用数字 1 ~ 12 标记，每一段表示地球在相等时间内运行的路程。依据开普勒定律，这 12 块面积应该相等，因为这 12 个点与

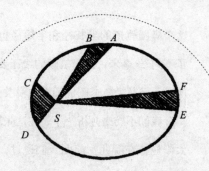

图 20 开普勒第二定律：如果弧线 **AB**、**CD**、**EF** 是行星在相同时间内通过的距离，那么图中的三块阴影面积应该是相等的。

太阳的连线是向量半径。比如，1 月 1 日，地球在点 1；2 月 1 日，地球在点 2；3 月 1 日，地球在点 3，以此类推。这样就很容易得出，春分（A）会在 2 月上旬出现，秋分（B）会推到 11 月下旬。也就是说，在北半球，冬季将从 12 月

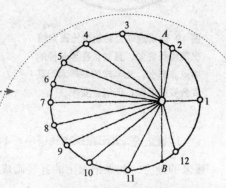

图 21 假设地球公转轨道变得更扁长，季节长短也会发生变化。图中相邻的两个数字之间的距离是地球在相等的时间，即 1 个月中所走的距离。

底开始，第二年的 2 月初就结束，前后只有 1 个多月的时间，在从春分到秋分的 9 个半月时间里，昼长夜短，太阳距离地球也比较远。

如果是南半球，情况就不同了。在昼短夜长、太阳位置较低时，太阳距离地球较远，所以地面接受到的热量很少，只有地球离太阳较近时的 $\frac{1}{9}$。但是，在昼长夜短、太阳位置较高时，地面接受到的热量是地球距离太阳较远时的 9 倍。也就是说，在南半球，冬季比北半球更长、更冷，而夏天则更短、更热。

在这个假设下，还会产生另一个结果。由于 1 月时地球运行得很快，所以，真正中午跟平均中午之间会差很多，有时甚至会差几个小时。对我们来说，这会严重影响我们的作息。

可见，在前面的假设下，太阳"偏心"位置不同，影响也不一样：在北半球，冬季比南半球更短、更暖，而夏季刚好相反。实际上，我们每个人都会观察到这样的现象。在 1 月的时候，地球到太阳的距离比 7 月近了 $2 \times \frac{1}{60} = \frac{1}{30}$，1 月份地球接受到太阳的热量是 7 月的 $\left(\frac{61}{59}\right)^2$ 倍，也就是比 7 月多了 7% 左右。所以，

北半球的冬天相对暖和一些。

另外，在北半球，秋季和冬季的天数加起来要比南半球少 8 天，而春季和夏季的天数加起来则比南半球要多 8 天，这大概就是南极上的冰雪比北半球多一半的原因吧。在下面的表中，我们列出了南北半球四季的时间。

北半球	持续天数	南半球
春季	92 日 19 时	秋季
夏季	93 日 15 时	冬季
秋季	89 日 19 时	春季
冬季	89 日 0 时	夏季

显而易见，北半球的夏季比冬季多了 4.6 天，春季比秋季多了 3 天。但是，由于天体空间中地球轨道的长径不断变化，导致轨道上距离太阳最远和最近的点也不停变化，所以，北半球的这个优势也会变化。有人计算过，大概每过 21000 年，这个变化会重新来一次，从公元 10700 年开始，这一优势将会转移到南半球。

实际上，地球公转轨道的偏心率的确在逐渐发生变化，从接近圆形的 0.003 变成像火星轨道那样的 0.077。目前，

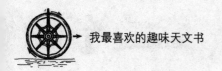

地球公转轨道的偏心率在逐渐变小，大概 24000 年后，将会缩小到 0.003，在接下来的 40000 年里，又会逐渐变大。

当然，我们的讨论现在也只是存在于理论中，没有任何的实际意义。

地球什么时候离太阳更近，中午还是黄昏

如果地球公转的轨道是正圆形的话，这个问题很容易回答：在中午的时候，距离太阳更近，加之地球的自转，使得地球表面上的点都正对着太阳。比如，赤道上的点到太阳的距离，在中午的时候要比黄昏少 6400 千米，也就是地球半径的长度。

问题是，地球的公转轨道不是正圆形，而是椭圆形，太阳位于焦点上，如 **图 22** 所示。所以，地球到太阳的距离是不断变化的。在上半年中，地球离太阳越来越远；下半年中，又会慢慢接近太阳，最大与最小距离的差为 $2 \times \dfrac{1}{60} \times 150000000 = 5000000$ 千米。

地球与太阳的距离不断变化，每昼夜大约相差 30000 千米。这就是说，从中午到日落的这段时间里，地球表面上的各点与太阳的距离相差大约是 7500 千米，这比地球自转引起的距离变化略大。

所以，这个问题应该分开讨论：从 1 月到 7 月，地球在中午的时候离太阳更近；从 7 月到第二年的 1 月，黄昏的时候离太阳更近。

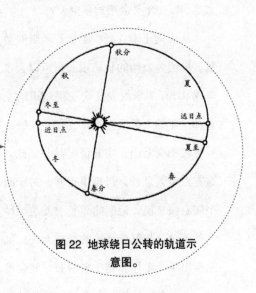

图 22 地球绕日公转的轨道示意图。

假如地球公转的半径增加 1 米

地球围绕太阳公转时，距离太阳大约是 1.5 亿千米。现在，假设地球绕日公转的速度不变，而这个距离增加 1 米，如图 -23 所示，那么，公转的全长会增加多少？一年又会增加多少天？

从表面上看，1 米是个不起眼的数值，但因为公转的轨道很长，所以大家普遍认为，1 米的变化会使得轨道的全长和一年的天数发生剧增。但是，通过计算我们会看出，实际情况并非如此。这有点令人意外，但也很正常。对于两个同心圆来说，他们的周长之差与半径之差有关，与每个半径的长度无关。如果画出两个半径相差 1 米的圆，就会发现，这两个圆的周长之差与地球公转轨道的周长变化是一样的。

你可能会感到疑惑，但是我们可以用简单的几何知识来证明这一点。假设地球公转轨道是圆形，半径为 R，那么，它的周长就是 $2\pi R$ 米。倘若半径增加 1 米，新的周长就是 $2\pi (R+1) = (2\pi R+2\pi)$ 米。所以，周长只增加了 2π 米，也就是 6.28 米。可见，这个增加量跟半径的长度没有任何的关系。

如果地球到太阳的距离增加 1 米，那么地球公转的全长将增加 6.28 米。地球公转的速度大概是 30 千米／秒，因此在一年中只增加了 $\frac{1}{5000}$ 秒。对于地球公转系统来说，这个数值真的是太小了。

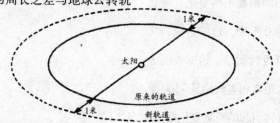

图 23 假如地球公转的半径增加 1 米，公转的全长会增加多少？

从不同角度看运动

当一个物体从我们手里掉落的时候，我们看到的是它垂直下落，可在其他人看来，这个物体也是垂直下落的吗？

事实上，在其他人看来，可能并不是这样。对于任何一个不跟地球同步旋

图 24 对地球上的观测者而言，重物下落的轨迹是直线。

转的人来说，物体下落的轨迹可能都不是直线。如图 24 所示，假设这个重物从 500 米的高度自由下落。那么，它在下落的过程中将参与地球上的所有运动。作为观测者的我们，也同时参与了这些运动，因此我们根本感觉不到重物下落时的各种附加运动。如果我们脱离地球的各种运动，就能明显看出重物下落的轨迹不是直线，而是其他的路径。

比如，当我们在月球上看地球上的重物下落。尽管月球也跟地球一样围绕太阳公转，可它的自转跟地球不同步。因此，在月球上看来，地球上的这个重物一共参与了两种运动：一种是垂直下落；另一种是沿与地面相切的方向向东运动。依据力学定律，这两种运动将合成另一种运动。大家都知道，自由落体的运动速度不是匀速的，而另一种运动却是匀速的。所以，合成后的运动轨迹

将会是一条曲线，如图25所示。

如果在太阳上借助高倍望远镜观察这个自由落体，情况又不一样了。这时，对于观测者来说，不仅没有参与地球的自转，也没有参与地球的公转，因此我们就会看到三种运动，如图26所示：

第一种运动：重物垂直下落。

第二种运动：重物沿着与地面相切的方向向东运动。

第三种运动：重物围绕着太阳旋转。

在第一种运动中，由于物体下落的高度是0.5千米，可知它落到地面花费的时间是10秒；在第二种运动中，假设事发地在莫斯科，那么它的路程可以用纬度来计算，即0.3×10 = 3千米；在第三种运动中，它的速度是30千米／秒。所以，在10秒的时间内，重物沿公转轨道运行了300千米，比前两种运动大很多。对于太阳上的观测者来说，可能只看到第三种运动。如图27所示，在这个时间里，地球向左移动了很长的距离，而重物只下落了一点。需要指出的是，图中的比例尺并不标准，在10秒内，地球最多移动300千米，但图中大约是10000千米。

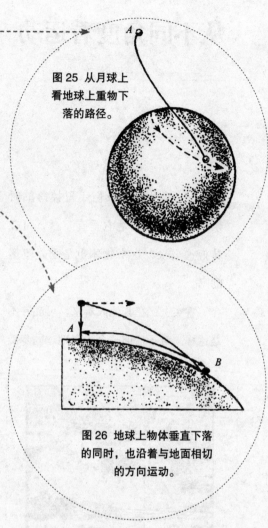

图25 从月球上看地球上重物下落的路径。

图26 地球上物体垂直下落的同时，也沿着与地面相切的方向运动。

我们可以再深入讨论下：如果我们在地球、月球和太阳之外的一个星球上观察这个自由落体，还会发现第四种运动。这种运动是与该星球的一种相对运动，方向和大小取决于太阳系和这个星球的相对运动。如图28所示，假设这个星球也在太阳系中运动，速度是100

千米／秒，跟地球公转的轨道平面形成锐角。那么，重物在 10 秒时间里将沿着该方向移动 1000 千米，此时物体的运动路径会变得很复杂。当然，如果在另一个星球上，观察到的可能又是另外一种路径了。

说到这儿，可能有读者朋友会想：如果在银河系之外观察，又会是什么样呢？对于银河系跟其他宇宙天体的相对运动，观察者都不会参与。实际上，依照前面说的，我们已经知道，从不同的角度观察物体的下落，看到的情况都不一样。

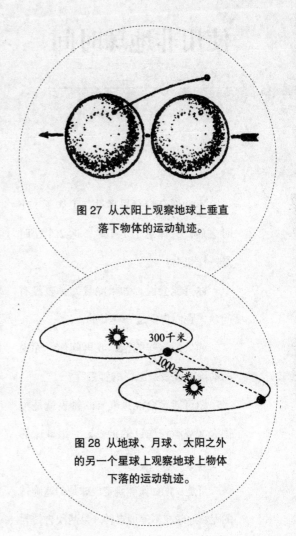

图 27 从太阳上观察地球上垂直落下物体的运动轨迹。

300 千米

1000 千米

图 28 从地球、月球、太阳之外的另一个星球上观察地球上物体下落的运动轨迹。

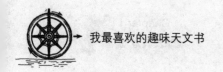

使用非地球时间

不知你有没有思考过：工作了 1 小时之后，又休息了 1 小时，这 2 个小时是一样长吗？

你可能会说，如果测量的钟表没有问题，它们肯定是一样长的。

如果是这样的话，我再问你：你说的准确的钟表是怎样的钟表呢？

你可能又会说：准确的钟表就是根据天文观测校准过的钟表，它跟地球的匀速旋转一样。

可是，你如何能确定地球是匀速旋转的呢？地球在不停地自转，每两次自转的时间是相等的吗？你的依据是什么呢？

对于这个问题，近几年* 天文学界有人提出，在一些特殊的情况下，对时间的测量要采取特殊的标准，不能用传统的、以地球匀速自转为标准的方法。

在对一些天体运动的研究过程中，人们发现，这些天体的实际运动跟理论结果有很大的出入，且这种偏差用天体力学规律根本无法解释。存在这种偏差的，目前发现的有月球、木星的第一卫星和第二卫星、水星等，还有地球的公转。以月球为例，它的实际运动与理论路线偏差角有时可达 $\frac{1}{4}$ 分。分析发现，它们都有一个共同点，那就是会在某个特定的时刻暂时变快，在那之后的某段时间，又会突然变慢。据此分析，造成这类偏差的原因应该是相同的。

那么，这个共同的原因是什么呢？是钟表不够准确？还是地球的非匀速自转呢？

为此，有人提出，我们应该抛弃"地球钟"，采用其他的自然钟来测量这类

---

* 指本书成书年代。此外，本书中的所有数据、观点都是作者成书时代的，时隔半个多世纪，今天已发生许多变化。后文不再一一标注。

运动。这里说的自然钟，是指根据木星上某卫星、月球或水星的运动进行校准的时间。时间证明，倘若用这种方法的话，前面提到的天体运动都能得到完美的解释。但有一个问题，如图 29 所示，用这种自然钟来测量地球的自转，就不再是匀速的了：几十年内它会变慢，接下来的几十年又会加快，之后再变慢。

图 29 中的曲线表示 1680 ~ 1920 年地球自转相对于匀速运动的情况。上升的部分表示一昼夜的时间变长，这就是说，地球自转的速度变慢了。下降的部分则表示地球自转变快了。

由此可以得出，对于太阳系内其他天体的运动，倘若它们都是匀速的，那么相对于它们的运动而言，地球的自转就不再是匀速的了。事实上，严格的匀速运动跟地球运动的偏差很小：1680 ~ 1780 年这段时间里，由于地球自转变慢，日子会变得长一点，这会使地球跟其他天体运动的时间差 30 秒左右。但是，到了 19 世纪中期，地球自转又会变快，日子变短，从而使这个差值减少 10 秒；到 20 世纪初，又会减少 20 秒；到 20 世纪的前 25 年，地球自转又会变慢，日子又变长。所以，到今天这个时间差又差了 30 秒。

为何会有这样的变化，至今还没有结论，可能的原因有很多，比如月球的引潮力、地球直径的变化等。如果未来有人能够揭开这个谜，那将是一个重大的发现。

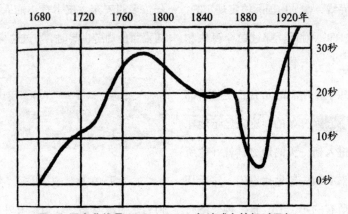

图 29 图中曲线是 1680 ~ 1920 年地球自转相对于匀速运动的情况。上升的曲线表示一昼夜的时间变长，也就是说，地球自转变慢。下降的曲线表示地球自转变快。

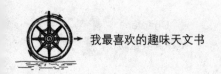

年月从什么时候开始

在莫斯科，当新年的钟声敲响第12下时，代表新的一年来临了。可是，对于莫斯科以西的地区来说，他们依然处于前一年的末尾；而在莫斯科以东的地区，新的一年已经开始了。我们都知道，地球是一个球体，它的东边和西边是相连的。那么，有没有一个界限准确区分新年和除夕、1月和12月，让我们知道新的一年到底是什么时候开始的呢？

实际上，这条界线是存在的，它被称为"日界线"，是由国际协定规定的，就在经线180°附近，穿过白令海峡和太平洋。

在地球上，所有的年月日交替，都是从这条日界线开始的。这条显示地球上第一个进入新一天的地方，就好像所有的日子都必须先迈过这道门，然后从这里走出所有的年、月、日，再一路向西绕地球一周，回到它诞生的地方，最后落到地平线以下消失。

俄国最东边的地方是位于亚洲的杰日尼奥夫角，这里比地球上任何一个地方迎接新的一天都要早。从白令海峡诞生的每个新一天，就是从这里走进我们的生活，在环绕地球一周，也就是24小时之后，又在这里跟我们告别。

现在，我们知道日期是在日界线上更替，但在航海家时代，这条线还没有确定，所以日期经常被搞混。曾经，有一位名叫安东·皮卡费达的人，他在跟随麦哲伦周游世界时，写过这样一段话：

> 即国际日界线，又称国际日期变更线。它位于地球180°经线附近，是以"格林尼治时间"为标准的日期变更线。

"7月19日，星期三。今天，我们到达了绿角岛。我们都有写日记的习惯，但是不知道日期有没有搞错，所以打算上岸问一下。让我们诧异的是，当我们问今天星期几时，被告知星期四。可是，根据我们的日记记录，今天应该是星期三才对。我们不可能搞错了整整一天吧……

"后来，我们弄清楚了。我们计算日期的方法是对的，但我们一直向西航行，也就是一直追着太阳运动，所以现在又回到了开始的地方。跟当地人相比，我们就少过了24小时。想明白这一点，我们才恍然大悟。"

今天，航海家们在穿越日界线时，又是如何处理的呢？为了日期不混乱，如果他们向西行驶，经过这条线时就把日期往前加一天；如果向东航行，就把日期重复算一天。比如，在某月的1日，他们向东航行时过了这条线后，依然记为某月的1日。

据此，我们就能够推断出，儒勒·凡尔纳的小说《八十天环游世界记》中描述的事情是错的。小说中写到，旅行家环游世界返回故乡时是星期日，实际上，当地还是星期六。在日界线还没有确定的时候，这样的混乱极易发生。

此外，爱伦·坡提及的"一周有3个星期天"，在今天看来也是很可笑的。如果一个水手向西周游世界，走了一圈后回到故乡，正好碰到一位刚从西向东周游世界回来的朋友。他们中的一个说昨天是星期天，另一个说明天是星期天，而当地没有出过门的朋友会说，今天才是星期天，这也是完全可能的。

在环游世界的时候，要想不弄混日期，你可以这样做：向东走的时候，把同一天计算两次，让太阳追上你；向西走的时候，跳过一天，追上太阳。说起来简单，但实践起来却不容易，虽然这已经不是麦哲伦时代，但依然有很多人会把日期搞混。

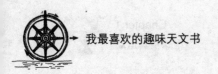

2 月有几个星期五

2 月最多有几个星期五呢？最少又有几个？

你可能从来没有想过这个问题，但如果仔细思考的话，再看看下面的答案，你恐怕会大吃一惊。

很多人认为，2 月最多有 5 个星期五，最少也有四个。原因是，闰年时，如果 2 月 1 日是星期五，那么，29 日也是星期五。所以，最多有 5 个星期五。

但是，我想告诉你，2 月份星期五的数目，可能是这个数据的 2 倍！

我们来看一个例子：一艘轮船在每个星期五都要从亚洲海岸出发，航行于阿拉斯加和西伯利亚的东海岸之间。某个闰年的 2 月 1 日正好是星期五，在整个 2 月份，对于这艘船上的人来说，他们会遇到 10 个星期五。因为，在星期五这天，当轮船向东过日界线时，这个星期就有两个星期五。但如果这艘船每个星期四从阿拉斯加驶向西伯利亚海岸，在计算的时候，就得跳过星期五这一天。这样的话，对于轮船上的人来说，整个 2 月都不会碰到星期五。

所以，对于这道题目，正确的答案应该是：最多有 10 个星期五，最少是 0 个。

Chapter 2
月球及其运动

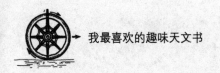

区分残月和新月

每当我们仰望夜空的时候，弯弯的月牙似乎总是挂在那里，它可能是新月，也可能是残月。对此，我们该如何区分呢？

其实，最简单的办法就是，看它凸出的一边朝哪个方向？基本情况是这样，在北半球，新月总是凸向右边，而残月则凸向左边。这是我们智慧的先辈们发明的方法，能帮我们快速地识别新月和残月。

在俄语中，新月的单词之意是"生长"，残月的单词之意是"衰老"，它们的首字母分别是 P 和 C，仔细观察的话就会发现，两个字母的凸出方向跟新月和残月是一样的，如图 30 所示。

在法国，人们用拉丁字母 d 和 p 区分新月和残月，d 和 p 就像用一条直线把弯月的两头连起来了，dernier 意思是"最后的"，从词义可以联想到残月；

premier 意思是"最初的"，象征着新月。在其他的一些语言中，比如德文，也有类似的例子。

如果是在澳洲或非洲南部，用这个方法就不行了。那里的人们看到的新月和残月的凸出方向，跟北半球是相反的。另外，在赤道及其附近的纬度带上，如克里米亚和外高加索，也不能用前面的

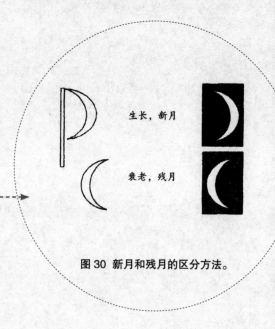

生长，新月

衰老，残月

图 30 新月和残月的区分方法。

方法，那里的弯月几乎横着，就像漂在大海上的一艘小船，也像一道拱门。阿拉伯的传说中将其称为"月亮的梭子"。在古罗马，人们把弯月称之为 luna fallax，翻译过来就是"幻境中的月亮"。

如果想在这些地方判断新月和残月，可以用这样的方法：在黄昏时的西面天空出现的是新月，在清晨时东面天空出现的是残月。

记住这两个方法，我们就能准确区分地球上任何地方的新月和残月了。

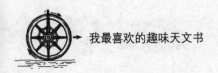

月亮画错了

自古以来，很多画家都喜欢画月亮。平日里，我们也经常会看到和月亮相关的风景画。虽然这些画看起来美轮美奂，但却不一定是真实的情况。

如图 31 所示，这是一幅和月亮有关的画作。仔细观察会看到，这幅画是有问题的：画家把弯月的两个角画成朝向太阳，其实，真正要朝向太阳的应该是弯月的凸面。我们知道，月亮是地球的卫星，本身不会发光，我们看到的月光是它反射的太阳光。所以，弯月的凸面应该朝向太阳，而不是两个角朝向太阳。

除此之外，月亮的内外弧也是要特别注意的。弯月的内弧呈半椭圆形，因为内弧是月球受阳光照射部分的边缘阴影，外弧则是半圆形，如图 32a 所示。很多画家都没有注意到这个问题，所以我们在不少的绘画作品中，经常看到内

图 31 这张图有一点天文学方面的错误，你能看出来吗？

外弧都是半圆形的情况，如图 32b 所示。

从地球上看，空中悬着的弯月似乎总是不够"端正"，所以，想要画好月亮的位相并不容易。从理论上说，月亮来自太阳的照射，所以太阳的中心点应

部分距离地平线远很多，所以这些光线看起来似乎弯曲了。

图 34 中标出了太阳光线和月亮的相对位置，可以看出，只有蛾眉月和太阳是"相对的"。当月亮处在其他位相时，太阳光线似乎是弯曲着照射到月球上，所以，这样投影成的月亮就不可能"端正"地悬挂在空中。

所以说，画家想要正确地画出月亮，还真得学习一些天文知识才行。

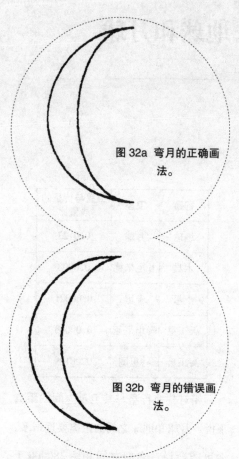

图 32a 弯月的正确画法。

图 32b 弯月的错误画法。

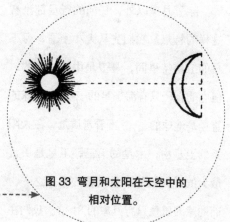

图 33 弯月和太阳在天空中的相对位置。

该位于弯月两角连接线中点的垂线上，如图 33 所示。在月球上，这条直线应当是弧形的，但跟弧线两端相比，中间

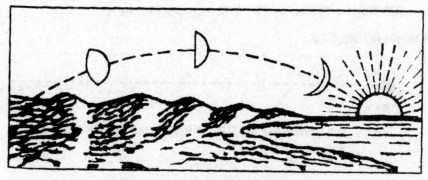

图 34 太阳和不同位相的月亮的相对位置。

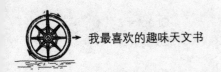

亲密的"双胞胎"：地球和月球

在所有的行星和卫星的关系中，最亲密的莫过于地球和月球了。无论在大小、质量上，还是在运行轨道上，它们都像是一对双胞胎。

除了月球以外，任何的行星都没有这样的特点。我们先从大小上看，海王星卫星特里同，是卫星中比较大的，但它的直径只有海王星的 $\frac{1}{10}$，而月球的直径是地球的 $\frac{1}{4}$。再看看质量，在太阳系的卫星中，木星的第三颗卫星是质量最大的，大概是木星质量的千分之一，而地球的质量只有月球的 81 倍。我们在右边的表中，列出了几颗卫星与其所属的行星的质量比，大家可以一目了然地理解地球和月球的关系。

行星	卫星	卫星与行星的质量比
地球	月球	0.0123
木星	甘尼米德	0.0008
土星	泰坦	0.00021
天王星	泰坦尼亚	0.00003
海王星	特里同	0.00129

相对其他行星与其卫星之间的距离来说，月球和地球之间的距离要近很多。你可能会说，它们之间相距 380000 千米呢！要知道，这个距离只有木星与其第九颗卫星间距的 $\frac{1}{65}$，如图 −35 所示。这样一对比，你就会发现，地球和月球其实是很亲密的。

木星
地球 ●● 月球
木卫九

图 35 月球与地球距离跟木星卫星与木星距离的比较图。图中星球本身没有按照实际比例表示。

作为地球的卫星，月球时刻围绕着地球旋转，同时地球也在围绕着太阳公转，它们的运行轨道很接近。月球围绕地球旋转时的轨道长 2500000 千米，在它旋转一周的同时被地球带行的距离是 70000000 千米，大概相当于月球一年路程的 $\frac{1}{13}$。可以想象，如果我们把月球的轨道拉伸到现在的 30 倍，那么它的轨道就不再是圆形。所以说，除了几段凸出部分以外，月球绕太阳的运行轨道跟地球的轨道几乎是重合的。

如图 36 所示，标出了 1 个月中地球和月球的运行轨迹，图中的虚线代表地球的轨迹，实线代表月球的轨迹。可以看出，除非选择非常大的比例尺，否则很难区分开这两条距离接近的曲线。在这个图中，地球轨道的直径大概是 0.5 米，如果把地球轨道的直径画成 10 厘米，要再想区分开这两条轨道，几乎是不可能的。此外，我们也在时刻参与地球的轨道运动，所以根本无法看出两条轨道是不是在一起前进。但是，如果我们站在太阳上观察，就会发现，月球的轨道是一条呈小波浪形的曲线，与地球的轨道几乎重合。

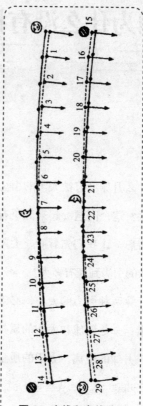

图 36 实线和虚线分别代表月球和地球在 1 个月中绕日运行的轨迹，二者几乎是重合的。

从图 36 中，我们还可以看到，月球的运行并不是绝对匀速运动，它环绕地球的轨道也是椭圆形，地球就位于这个椭圆的焦点上。月球轨道的偏心率大概是 0.055，在天文学上，这个偏心率是非常小的。根据开普勒第二定律，当月球距离地球较近时，它运行的速度明显比月球离地球较远时要快。

太阳为什么没有把月球吸引到身边

为什么月球没有被太阳的引力吸引到身边呢？这个问题听起来似乎有点奇怪。别着急，让我们先看看，太阳和地球对月球的引力到底有多大？

要计算两种引力的大小，必须考虑两个因素：一是地球和太阳的质量，二是它们跟月球的距离。太阳的质量约是地球的330000倍，单从质量上说，太阳的引力是地球的330000倍。地球到月球的距离大概是太阳到月球距离的$\frac{1}{400}$，从距离上来说，地球显然更有优势。我们都知道，引力跟距离的平方成反比，所以太阳对月球的引力就是330000倍的$\frac{1}{400^2}$。所以，太阳对月球的引力是地球对月球引力的$\frac{330000}{160000}$倍，也就是2倍多。

既然太阳对月球的引力这么大，为什么还是没有把月球吸引到它身边呢？其实，这与我们前面说过的，地球和月球是一对"双胞胎"有一定的关系。太阳不仅对月球有引力，对地球也有引力，但太阳的引力对它们的内部关系并没有影响，所以才使得地球和月球的运行路线呈现出现在的样子，具体可参考图36。

由于月球和地球很亲密，所以太阳的引力不只是作用于单个星体，而是作用于连接它们的直线上，也就是它们组成的整个系统的重心上。确切地说，这个重心在地球的外面，在地球半径长度以外的地方，且地球和月球围绕这个中心每旋转一周的时间刚好是1个月。这就是月球没有被太阳吸引到身边的原因，也是地球没有被太阳吸引到身边的原因。

看看月亮的脸

我们看到的满月很像一个圆盘，这是因为站在远处看物体时，双眼得到的图像基本相同，无法形成立体的图像。如果我们用立体镜来观察的话，就会发现它根本不是平面的。因为立体镜是根据双眼的视差原理做成的，能让我们看到立体图像。所以，通过立体镜看到的月亮，是一个真正的球形。

不过，想要拍下月球的立体影像并不容易，因为月亮总有一部分是被遮住的，除非拍摄者很了解月球的不规则运动。同时，拍摄的手法也很重要。实体照片是成对的，有时拍了一张之后，需要等上好几年才能拍到另一张。

那么，怎样才能够得到月亮的立体图呢？月亮离我们很远，靠双眼是无法形成立体图的，想得到月亮的立体图，就必须从两个不同的地方取景，且两个地方之间的距离不能小于它们到月球的距离。通过计算可以得出，月球到地球的距离大概是 380000 千米，在拍这样的两张照片时，其中一张应该是月面中心的一点，另一张应该偏离月球经度 1°，这样才能得出立体照片。换句话说，这两个点的距离应该不小于 6400 千米，大概等于地球的半径。

其实，能够拍摄出月亮的立体图，还要归功于月球围绕地球旋转的椭圆形轨道。月球自转的同时，也在围绕地球旋转，且它们旋转一周的时间是相等的，月球始终以同一面朝着地球。正是由于月球的椭圆形绕地轨道，才使得我们能够看到它的侧脸。

如果月球的绕地轨道不是椭圆形的，而是圆形，那我们就不可能看到月亮的立体图片了。如**图 37** 所示，图中标出了月球绕地球运转的椭圆形轨道，为了看得更清楚，图中的轨道画得扁了

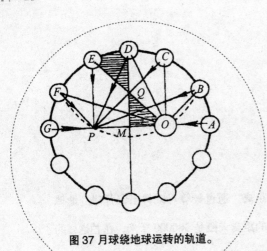

图 37 月球绕地球运转的轨道。

一些。图中的点 O 是地球的位置，它位于椭圆的一个焦点上。根据开普勒第二定律，月球从点 A 到点 E 大概花了一个月的 $\frac{1}{4}$ 的时间。由于 MOQ 和 DEQ 的面积差不多相等，所以有：$MOQ + OABCD = DEQ + OABCD$，即 $MABCD = OABCDE$。

这就是说，$OABCDE$ 和 $MABCD$ 的面积相等，都是椭圆的 $\frac{1}{4}$。这也表明，在 $\frac{1}{4}$ 个月中，月球的运行路线是点 A 到点 E。月球自转是匀速的，在 $\frac{1}{4}$ 个月中它旋转了 90°。在月球达到 E 点时，它从 A 点绕地球旋转扫过的角大于 90°，使得月球的脸越过了点 M，朝向了点 M 的左边，在月球轨道的另一个焦点

P 附近某处。这时，对于地球上的我们来说，可以从右边看到月球侧面的边缘。当月球运动到点 F 时，$\angle OFP < \angle OEP$，此时的边缘更窄。点 G 是月球轨道的"远地点"，月球到达这个点时，跟地球的相对位置与它在"近地点"点 A 时是相同的。当月球沿着轨道继续运动，拐弯走向反方向时，我们会看到跟前面那个侧脸边缘相对的另一边，这条边先是逐渐变大，后又慢慢变小，最后在点 A 处消失。

正因为此，我们在地球上看到月球正面边缘的细微变化，犹如围绕一架天平的中心点左右摆动。所以，天文学上又把这种摆动称为"天平动"，天平动的角度接近 8°，确切地说是 7°53′。

月球在轨道上移动时，天平动的角度会发生变化。在图 37 中，我们以点 D 为圆心，用圆规画出一条通过焦点 O 和 P 的弧，这条弧线和轨道的焦点为点 B 和点 F。$\angle OBP$ 等于 $\angle OFP$，也等于 $\angle ODP$ 的一半。于是，天平动在点 B 到达最大值的 $\frac{1}{2}$，然后又逐渐变大。到了点 D 和点 F 之间时，又逐渐变小。一开始，变小的速度很慢，后来会逐渐

加快。到了轨道的下半段，天平动的大小变化与上半段相同，只是方向相反，这就是月球的"经天平动"。

有时，我们会从南面看到月亮的侧脸，偶尔又会从北面看到，这是因为月球赤道平面与月球的轨道平面成 $6.5°$ 的夹角，这就是"纬天平动"。纬天平动最大可以达到 $6.5°$。也就是说，我们能看到整个月亮的 59%，只有 41% 是完全看不到的。

利用天平动，摄影家可以拍摄出月亮的立体图。我们前面说过，这需要拍摄两张照片，其中一张应该是月面中心的一点，另一张应该偏离月球经度 $1°$，只有这样，才能得出立体的图片。比如，在点 A 和点 B，点 B 和点 C，或是点 C 和点 D 等。虽然在地球上我们可以找出很多位置拍摄出月球的立体图片，但因为这些位置跟月球的位相差距是 1.5～2 个昼夜，所以有些照片拍出来会亮得发白。这是因为，拍摄第一张照片时还处于阴影中的一小部分，在拍摄第二张时已经走出了阴影。所以，想拍出完美的月亮立体图片，必须等到月亮再出现在相同的相位，并保证前后两次拍摄时月面的纬天平动完全一致才行。

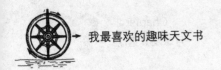

有没有第二个月球

科幻作家凡尔纳在《环游月球记》中提到了地球的第二卫星，也就是第二个月球。在他的描述中，第二月球的体积非常小，速度非常快，地球上的人根本看不到它。其实，不只是凡尔纳一个人有这样的想法，曾经有报纸以新闻的形式报道，称有人发现了地球的第二卫星。

那么，究竟有没有第二卫星呢？关于这一点，说法不一。

按照凡尔纳的说法，法国天文学家蒲其不仅认为有第二卫星存在，还推算出它到地球的距离是 8140 千米，围绕地球运转一周的时间是 3 小时 20 分钟。但是，英国的《知识》杂志却完全否定这种说法，称世界上根本就没有蒲其这个人，也不存在第二卫星。

事实上，蒲其不是凡尔纳捏造的，历史上真的有这个人，他还是一名天文台台长，并且他的确支持第二卫星的说法，认为第二卫星距离地面大概 5000 千米，围绕地球一周用时 3 小时 20 分钟，是一颗流星。但是，当时几乎没有人同意这种说法，这一假说很快就被人遗忘了。

我们可以假设，真的有第二卫星存在，且离地球很近。这样，它旋转时就会被地球阴影覆盖。不过，每天黎明和黄昏的时候，或是它每次经过月球和太阳的时候，我们应该都能看到这颗卫星。如果这颗卫星运行的速度很快，那它经过地球上空的频率应该比月球高很多。这样，我们就应该经常见到它才是。如果这颗卫星真的存在，日全食的时候天文学家也会发现。然而，直到今天也没有人发现它的踪迹，所以我们基本上可以推断，第二卫星根本不存在。如果只是从理论上探讨，那么第二卫星是否存在跟科学理论并不矛盾。

除了第二卫星之外，有人认为还存在围绕月球旋转的其他小卫星。很遗憾，迄今为止，也没有人发现这颗小卫星的存在。天文学家穆尔顿曾经说过：

"满月时，月亮的反射光和太阳光让我们根本看不清月亮周围是否存在小卫星。在月球附近的天空没有漫射月光，也就是月食时，太阳光才有可能照亮传说中的小卫星，才可能发现它们。但直到现在，我们并没有发现过它们。"

所以，传说仅仅是传说。但是，人类这种探索的精神，确实值得提倡的。

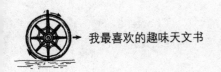

为什么月球上没有大气层

地球的周围环绕着大气层，为生物提供生存的条件。可是，月球上为什么没有大气层呢？

对于这个问题，我们要从大气存在的条件开始说起。空气是由分子组成的，而分子总是不断地朝着四面八方运动。分子在0℃时的平均运动速度大概是0.5千米／秒，相当于子弹出膛后的速度。

> 氧气一般存在于地球的表面，大部分是通过雨水带到地面的过氧化氢分解而来的，另外，还有一些是通过植物的光合作用由二氧化碳转换成的。

但由于地球引力的存在，空气中的分子被束缚在了地面上。

速度v和重力加速度g之间的关系是：

$$v^2 = 2gh$$

其中，h是高度。如果在接近地球的表面有一群分子以0.5千米／秒的速度竖直向上运动，那我们就能通过上面的公式计算出这些分子达到的高度（取$g = 10$米／秒^2），即：

$$500^2 = 2 \times 10 \times h$$

则有：

$$h = \frac{250000}{20} = 12.5 \text{ 千米}$$

对于这个结果，你可能有些困惑：要是空气分子只能飞行到12.5千米的高度，那在这个高度以上的空气分子又是从哪儿来的呢？就算在500千米的高空依然存在少量的氧气，这些氧气分子是怎么到达500千米的高空，并一直在这个高度上存留的呢？

其实，前面分析的数字是所有空气分子的平均数。在实际情况下，分子的运动速度各有不同，有些快有些慢，但绝大多数分子的运动速度都处于中间值。用具体的数字来说明就是，如果把一定体积的氧气放在0℃的环境中，那么，分子速度在200～300米／秒的占 17%；速度是 400～500 米／秒和 300～400 米／秒的部分各占 20%；速度在 600～700 米／秒的分子大概占 9%；700～800 米／秒的只有 8%；唯有 1% 的分子能达到 1300～1400 米／秒。此外，还有很少的分子，能够达到 3500 米／秒的速度，但它们所占比例还不足 1/1000000。根据前面的公式，$3500^2 = 20h$，所以，$h = \dfrac{12250000}{20}$ 米，大概是 600 千米。也就是说，那些速度最快的分子，完全有可能飞到 600 千米的高度。

虽然这部分速度最快的分子能够飞到 600 千米的高空，但这一速度不足以让它们脱离地球引力的束缚。无论是氧气、二氧化碳、氮气还是水蒸气，想脱离地球的引力，速度至少要达到 11 千米／秒才行。以质量最轻的氢气来说，它的速度减少到原来的一半，大概需要数万年。这就是为什么地球能够吸引住大气层的原因。

下面，我们再来分析一下，月球上为什么没有大气？

前面说过，受地球引力的影响，地球能够留住空气分子，但月球的重力只有地球的 $\dfrac{1}{6}$。也就是说，只要消耗在地球上 $\dfrac{1}{6}$ 的力气，空气分子就能够摆脱月球的引力。通过计算可以得出，这时分子的速率只要大于 2360 米／秒即可。其实，在普通的温度下，大气中氧气和氮气分子的速度就可能完全大于 2360 米／秒。根据气体分子速度的分配定律，在速度极快的分子飞散后，速度慢的空气分子也能获得临界速度，从而摆脱月球的束缚。所以，在月球上，大气层无法留存。

在一颗行星上，如果大气分子的平均速度达到临界速度的 $\dfrac{1}{3}$，在月球上就是 790 米／秒，那么几周之后，大气分子就会消散掉。只有当空气分子的速度在临界速度的 $\dfrac{1}{5}$ 以下时，它才能留在行星的表面。根据这一点，我们可以得出，在一些小行星或者行星的大多数卫星上，由于重力不够大，它们上面很难有大气存在。

有些天文学家曾经想对月球进行改造，通过人工的方法合成大气，让月球成为适合人类居住的第二星球。但是，月球环境是根据物理法则，历经漫长的时间形成的，要改造它谈何容易。

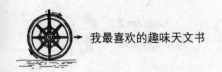

月球究竟有多大

图 38 月球与欧洲大陆的比较图。

我们经常用数字来表示一个物体的大小。很久以前，科学家就测算出了月球的一些数据，比如月球的直径是 3500 千米，表面积相当于地球的 $\frac{1}{14}$。但是，就算知道了这些数据，我们对月球的印象依然是抽象的，无法直观地体会到它有多大。那么，如何才能获得具体的印象呢？

最好的办法，就是把月球和我们熟悉的东西进行比较。前面说过，月球和地球像一对"双胞胎"，所以我们不妨把它跟地球比较一下。

月球的表面被一片大陆覆盖，我们就用地球上的大陆跟它比较。如图 -38 所示，单从表面积上看，月球比南北美洲稍微小一些，月球始终朝向我们的那面的面积，跟南美洲差不多。

月球的表面积不算大，但它的环形山面积却很大，地球上的任何一座山都无法跟它比。比如，格利马尔提环形山，它环抱月面面积比贝加尔湖还要大，比瑞士和比利时这些小国家的面积更大得多。

虽然这些环形山比地球上的山脉壮观，可地球上的海洋却比月球上的"海"气派很多。当然，月球上的海是我们虚构的，只是为了便于比较。如图 39 所示，这是根据比例尺在月面上画出的黑海和里海。在地球上，黑海和里海不算大，可若放在月球上，它们就算是很大的了。

月球上澄海的面积大约是 170000 平方千米，只有里海的 $\frac{2}{5}$。

通过这些对比，你现在是不是对月球有了一个具体的印象了？

图 39 地球上的海与月球上的海的比较图。图中 1 为云海，2 为湿海，3 为汽海，4 为澄海。

神奇的月球风景

　　如图 40 所示，如果有一架小型望远镜，直径是 3 厘米，完全可以看清月面上的环形山和环形山口。但是，如果能在月球上目睹这些景象，简直是超出我们的想象。毕竟，在地球上看月亮，还是显得不够真实。

　　从远处看一个物体的全貌，和从近处观察它的细节，差别是很大的。以月球上的埃拉托色尼环形山来说，在地球上只能看到它的轮廓，中间有一座高山。

　　如果只看侧影，如图 41 所示，它的直径大概是 60 千米，环形山口的直径跟拉多加湖到芬兰湾的距离差不多。如此长的山坡，应该是非常平缓的，所以就算这座山很高，也并不险峻。如果走在这个环形山口里面，我们可能根本感觉不到是在山上。另外，山体低的地方被月面的凸度遮挡了，这也是高山变成缓坡的一个原因。

　　月球的直径是地球短直径的 $\frac{3}{4}$ ，

图 40 月面上的环形山。

图41 月球上的巨型环形山的剖面图。

所以月球上的"地平线"范围也小得多，大概只有地球的$\frac{1}{2}$。这样，我们就能够计算出月球的地平线范围，即：

$$D = \sqrt{2Rh}$$

其中，D 是地平线的距离，h 是眼睛高度，R 是地球的半径。一个普通人在地球上看到的最远距离不超过 5 千米，

计算"地平线"的方法，参阅本书作者所著的《我最喜欢的趣味几何书》。

图42 站在月面上的环形山口看到的画面。

图43 在望远镜里观测派克峰，看起来很险峻。

如果把这个数值代入到上述的公式中，就能得出，这个人在月球上能够看到的最远距离。

如图 42 所示，这是观察者站在一个巨型的环形山口看到的画面。从图中可以看出，那里只有广阔的平原，连绵起伏的山峦铺展在地平线上。这似乎跟我们想象中的环形山口很不一样，我们根本无法想象图 41 中的缓坡竟然是一座高山。在月面上，很多小环形山口是月球风光的重要组成，跟环形山口不同的是，它们并不高。人们给月球的山脉起了很多名字，如高加索、阿尔卑斯以及亚平宁等，这些山脉的高度都在七八千米左右。虽然跟地球上的一些山脉高度差不多，但由于月球比地球小很多，就让它们看起来非常高大。

在月球上，还有一座叫派克峰的山

图 44 站在月面上观看派克峰，看起来很低矮。

峰，用望远镜看它的轮廓会感觉它非常险峻，如图 43 所示。但如果亲眼目睹的话，你会很失望，因为映入眼帘的只是一个凸起地面的小山丘，如图 44 所示。这是因为，月球上没有空气，使得阴影比地球上清楚很多。如图 45 所示，桌子上是半颗豆子，凹面朝下，可以看出，阴影的面积是它身高的 5~6 倍。同理，日光照射到月球表面的物体时，阴影可能是这个物体本身高度的 20 倍。就算物体的高度只有 30 米高，我们也能清晰地看到。当用望远镜看月球的时候，会放

大月面上的小凹凸，让人误以为它们很高大。

有时，也会有相反的情况出现，让我们忽略一些重要的地形。我们可以通过望远镜看到一些狭窄的"缝隙"，但它们可能是延伸到地平线外、深不见底的岩壑。月球上有一种被称为"直壁"的断岩，如图 46、图 47 所示，它们矗立在月面上，延伸到"地平线"外，长达 100 千米，高达 300 米，十分壮观。如果仅从地球上观察，我们根本不可能把两幅图联系起来。

图 45 半颗豆子在光线投射下的影子。

如图 48 所示，这是望远镜下的月面上的裂口，实际上，它们是一些很大的洞穴。

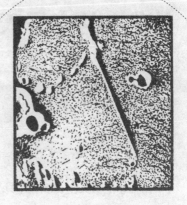

图 46 望远镜中看到的月面上的"直壁"。

图 47 站在月面上的"直壁"脚下看，十分陡峭。

图 48 在月面裂口附近看到的情景。

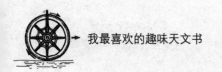
月球上的奇异天空

在月球上看天空，和在地球上完全不同。如果我们能够在月球的表面自由行走，吸引我们的肯定是那里独特的天空。

漫天黑幕

法国天文学家弗拉马利翁曾经这样描绘过天空：

"在蔚蓝明净的天空下，晨曦是红色的，晚霞是壮丽的，沙漠、田野和草原的景色让人沉醉，湖水像镜子一样映照着蓝天。这美丽的一切，都归功于那一层轻轻的大气。如果没有这层大气，这些美好的画面都将消失。蔚蓝的天空将变成无边的黑夜，日出和日落时的壮美景色也会消失，昼夜不再更替，有日光的地方会非常炙热，而日光照不到的地方将会是一片漆黑。"

这段文字很直观地解释了地球上看到的天空为什么是蓝色的，一切都是因为有了大气。后面那些描述，就是在月球上看到的天空景象。

然而，在月球上面，无论昼夜，天空都被黑暗笼罩着，只有点缀的繁星。月球上没有大气，这使得星星看起来比地球上耀眼许多，且不会闪烁。月球上白天的太阳光，非常炽热。

曾经有探险者搭乘俄国的平流层飞艇"自卫航空化学工业促进会"号到21千米处的高空。在那里，他们看到的是黑色的天空。这就是说，如果大气层变得薄一些，地球上的天空就不再是这样蔚蓝。

悬在头顶的地球

在月球上，我们会看到一个巨大的

地球悬挂在空中。原来，地球是在我们脚底下的，可现在却挂在了头顶。其实，这没什么奇怪的，宇宙中上和下本就是相对的。当我们站在月球上时，地球是相对在上面的。

那么，在月球上看地球是什么样的呢？

在普尔柯夫天文台，曾经有一位天文学家叫季霍夫，他在研究之后给出了这样的描述：

"在其他星球上看地球，所看到的是一个发光的圆盘，根本看不到地球上的任何细节。这是因为，当日光照射地球时，还没有达到地面就被大气和一些杂质漫射到空中。就算地面本身也反射光线，但是通过大气漫射之后，将会变得非常微弱。"

可见，如果在月球上看地球，看到的是被云朵半遮半掩的地面。由于大气漫射了日光，地球显得很明亮，以至于无法看清细节。曾经有人以为，在月球上看地球，应该和看地球仪差不多，能够看到地表景观的轮廓，但其实这是不可能的。

在月球上看地球，会觉得地球很庞大，直径是在地球上看到的月球直径的4倍，面积是月球的14倍。地球表面的反射能力比月球大很多，约是月球的6倍，所反射的太阳光也比月球反射得多。所以，从月球上看地球的亮度是满月亮度的89倍。这是什么概念呢？就像夜空中同时有近90个满月照向地面，且没有大气层的阻挡，这样的夜晚将是多么明亮呀！在地球的"照耀"下，哪怕是夜晚，月球也会跟白昼一样明亮！其实，正是因为地球的反射光照射，我们才可以在地球上看到400000千米之外的新月的凹面，即便照射不到日光的地方，依然可以看到微光。

大家一定还记得前面说过的月球

丁铎尔在《讨论光线》一书中写了这样一段话："就算日光被黑色物体反射，也仍然是白色的。所以，即便月亮被阴影笼罩，看上去，它仍然像一面银盘。"其实，就月球上的土来说，它们反射日光的能力跟潮湿的黑土差不多，就是主要通过漫射来反射光线，即便如此，这也只比维苏威火山的岩浆漫射得稍微弱一些。月光是白色的，月球上的土却是暗黑色的，而不是很多人所想象的白色，关于这一点，并没有什么矛盾。

运转：月球始终只有一半朝向地球。这使得月球看地球时表现出另一个特征，即地球总是悬在月球上空的某个固定位置，从来不动，也不会升起落下。但是，它后面有无数星星在旋转，每转一周大概是 $27\frac{1}{3}$ 个地球昼夜；太阳也在转，每转一周大概是 $29\frac{1}{2}$ 个地球昼夜；其他一些行星也在慢慢旋转，只有地球在黑暗的夜幕中一动不动，俯视着月亮。

无论我们在地球的什么地方，都能够看到月亮，可如果在月球上，就不是这样了。如果在月球上的某点看到地球悬挂在头顶，那么，你会一直看到地球悬在头顶。倘若到了另一个地方，你看到地球在地平线上，那么，你也只能永远看到地球在地平线上。

有时，在月球上还能够看到地球的摆动。比如，在月球上"地平线"的地方，好像地球会沉下去，但很快又升起来。于是，就出现了一条奇怪的曲线，如图 49 所示。其实，这是由于月球的天平动引起的。在月球的天空中，地球不是完全固定的，而是在一个平均位置附近南北摆动，角度大概是 14°，东西摆动的角度是 16°。只有在"地平线"上才有这种现象，其他地方没有。虽然地球一直在某个地方停留，但它自转一周依然需要 24 小时。如果可以在月球上透过大气观察地球，地球完全可以作为一座时钟，且是非常准的时钟。

我们经常会说，月有阴晴圆缺。这是因为，地球上看到的月亮不断变化。其实，由于地球相对月球也有位相变化，所以在月球上看地球的话，也会有同样

图 49 在月球"地平线"的地方，地球有时沉下去，瞬间又升起来。

图 50 月球朔地示意图。

的情景出现，地球也会呈现出圆盘状或新月状，形状的宽窄由地球被太阳光照射的部分有多少面对月球来决定。

此外，在地球上看到的月亮形状，跟在月球上看到的地球形状是相反的。比如，在地球上看不到月亮时，即朔月；那么，月球上肯定可以看到一个圆圆的地球，即满地。反过来，当在地球上看

图 51 只要不遇到日食，地球一定会在黑色的天空出现。

到满月时，月球上看到的是一个黑色圆球外面带着明亮圆圈的朔地，如图 -50 所示。

前面说过，地球上的大气层会漫射阳光，所以我们看不到朔月。这时，月球位于太阳上下，有时相离 5°，差不多是其直径的 10 倍，且月球此时会有一条被太阳照得很亮的银线。不过，由于太阳光太亮了，很容易就把这条窄边遮盖了，只有在春天的某些时候，才有可能在朔月的后两天看到。其实，此时的月亮已经离太阳很远了。

在月球上看地球，情况就不是这样。由于月球上没有大气，因此在太阳的周围没有光芒，使得恒星和行星一直存在，只要不遇到日食，地球一定会在黑色的天空出现。如图 51 所示，如果在月球上看地球，朔地的两角是背着太阳的，且

跟着地球向太阳的左边运动。由于我们的肉眼跟月球和太阳的中心不在一条直线上，因此，在地球上用望远镜观察月球，也能够看到这样的现象：满月的时候，月面不是一个正圆形，而是少了一条很窄的边。

月球天空中的食象

在地球上，我们经常会看到日食或月食，那么，在月球上能否看到同样的现象呢？

答案是肯定的，在月球上也有两种食象：日食和地食。地球上看到月食时，说明地球处于太阳和月球的连接线上，这时月球被地球的阴影笼罩，此时月球上能看到的是日食，且比地球上要精彩许多。这时，在月球天空中的那个黑色圆形地球面，会出现一条紫红色的边，如图52所示。我们知道，月食的时候，

也可以在地球上看到月亮黑色的圆盘边缘有一圈樱红色的光，这是地球上的大气形成的紫红色光进行照射产生的。

在地球上看到月食时，在月球上就会看到日食。所以，月球上日食的时间跟地球上的月食正好相同，长达4小时。但是，地球上的日食和月球上的地食，却只有几分钟。月球上发生地食时，在月球上只能看到一个小黑点在地球圆面中不停地移动，小黑点经过的地方就是地球上能看到日食的地方。

在太阳系中，只有在地球或月球上能够看到食象，其他任何一个行星都无法看到。就算是太阳被月球遮挡时，月球到地球的距离跟太阳到地球的距离之比，大概等于月球的直径跟太阳的直径之比。

图52 月球上的日食。

天文学家为什么热衷于研究月食

月球处在地球的背光部分时，就会被地球遮住某一区域的太阳光。这个时候，我们看到的月球好像缺了一部分，这就是月食。

很多个世纪以前，先辈们就通过研究月食发现地球是圆的。在一些古天文学书籍中，有很多关于月面上的阴影和地球形状的关系的记载，如图53所示。麦哲伦就是根据这一点，开始了多年的环球航行。曾经跟麦哲伦一起航行的人说："教会不断地教导我们，地球是一个被水包围的大平面，可是麦哲伦却依然坚持自己的观点。他觉得，出现月食说明地球的影子应该是圆的，既然这个影子是圆的，这个物体本身也应该是圆的……"

直到现在，很多天文学家仍然热衷于观察和研究日食，虽然月食的次数大概是日食的 $\frac{2}{3}$，却很少有人会去观赏。因为，只要看到了月亮的半球，我们就能看到月食，而世界各地都能够同时看到月面此时的变化。只不过，不同时区看到的月食时间不一样罢了。

由于太阳光会偏折到锥形的阴影

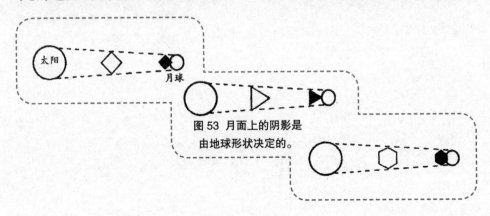

图 53 月面上的阴影是由地球形状决定的。

里，所以在月食的时候，我们依然能够看到月亮。此时，月球的颜色和亮度颇受天文学家们的关注。通过研究，他们发现，月食的时候，太阳黑子的数量对月球的亮度和颜色有影响，且还能够测量出没有被太阳照射的月面的冷却速度。

现在，相信你已经了解了研究月食的重要意义。在广袤的宇宙中，依然有很多未知和未解的事物，通过对月食进行研究，将来一定还会有更多的发现。

天文学家为什么热衷于研究日食

天文学家经常会跑到那些即将出现日食的地方进行观测，哪怕路途遥远又辛苦。为了研究日食，他们真的是无所畏惧。

1936 年 6 月 19 日，只有在俄国境内才能看到日全食，世界上有 10 个国家的 70 位科学家来到俄国，只为亲眼目睹历时 2 分钟的日全食。其中，有 4 个远征队刚好碰到阴天，没有看到，带着遗憾而离开。那时，俄国投入了很多人力、物力，组织了 30 个远征队。哪怕是在二战期间，条件非常恶劣，俄国依然组织了远征队到可以观测到日食的地方。

1941 年，在拉多加湖到阿拉木图一带能看到日食，俄国的天文学家分布在全食带的整个沿线进行了观测。1947 年 5 月 20 日，俄国还派远征队到巴西观测日食。

你可能会问：天文学家为什么如此热衷于研究日食呢？原因就是，日食发生的频率太低了。

我们先来说说，什么是日食？有时，日面会被月面遮挡而变暗，甚至完全消失，这种现象就是日食。月球投影到地球上的范围就是能够看到日食的"日全食地带"，它只有不到 300 千米。而且，在地球上的同一地点出现两次日食的时间间隔是 200~300 年。加之日食的时间很短，想要目睹日食，特别是日全食的话，非常不容易。

当月球把太阳遮住时，拖在它后面的锥形长影刚好到达地面，这时，月球到地球的距离跟太阳到地球的距离之比，等于月球的直径跟太阳的直径之比。在这个条件下，在月影锥尖划过的地方就会看见日食，如图 54 所示。

如果从月影的平均长度看，我们根本无法看到日全食，因为月影的平均长度比月球到地球的平均距离小。幸运的

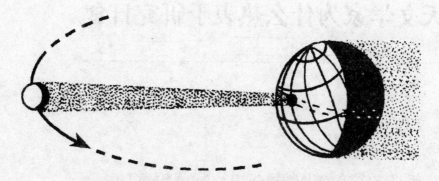

图54 在月影的锥尖划过的地方可以看到日食。

是，月球绕地球旋转的轨道是一个椭圆形，它离地球最近的时候是356900千米，最远的时候是399100千米，两者相差42200千米。所以，月影的长度才有可能比月球到地球的距离大，我们才能看到日全食。

天文学家热衷于研究日食，还有一个重要的原因，就是日全食能为我们提供许多珍贵的数据和研究机会。

第一，观察"反变层"的光谱。通常，太阳光谱是一条带有许多暗线的明亮谱带，而在日食时，在太阳被月亮完全遮挡的几秒时间里，太阳光谱会变成一条有许多明线的暗谱带，这时的吸收光谱变成了发射光谱。我们把发射光谱称之为闪光谱，科学家常依据它判断太阳表层的性质。我们会在日食时看到这种闪

光谱，所以天文学家不会错过这个千载难逢的好机会。

第二，研究日冕。日冕只有在日全食时才会出现。在太阳外层有一块像火一样的凸出物，称为日珥。这时，在日珥周围的黑色月面上，日冕会呈现为五角星状，中心是黑暗的月面。根据太阳活动的大小，日冕的形状也会不断变化。在太阳活动的极大年，日冕接近圆形；在太阳活动的极小年，日冕接近椭圆形。

如图55所示，日食时可见不同大小、形状各异的珠光，有时甚至比太阳的直径还要长许多倍。1936年发生过一次日食，当时人们看到的日冕比满月还要亮，珠光的长度至少是太阳直径的3倍，有些甚至更长，这是难得一见的奇观。

迄今为止，科学家们对日冕的性质

图 55 日全食时，黑色月面周围的日冕。

一直没有下定论。所以，日食时不得不拍下它的照片，一边研究它的亮度和光谱，一边研究它的构造。

第三，验证一般相对论在推论天体位置时的正确性。根据一般相对论，星光在经过太阳时会因为受到太阳的强大引力而偏离原来的位置，其他天体也会发生相应的移动，如图 56 所示。对于这一点，目前只能在日全食时验证。但直到今天，依然无法证实上面的推论[1]。

除了上述三点以外，日全食还有很高的艺术观赏价值。俄国作家柯罗连科写过一本描绘日全食的书，记录的是1887 年 8 月，作者在伏尔加河岸的尤里耶韦茨城看到的日全食，下面我们摘引

其中的一部分：

"太阳隐入一朵巨大的朦胧的斑块云中，当它从云里钻出来时，已经少了一块……这时，空中似乎出现了一片烟雾，刺眼的光芒也变得柔和了，我甚至能够用肉眼直接看它。周围是如此安静，我能够听到自己的呼吸声。不知不觉，半小时过去了，天空的颜色没有什么变化，悬挂在高空中的弯弯的太阳又被浮云遮住了。很多年轻人兴奋起来，老人们则发出叹息，有人甚至发出像牙疼一样哼哼的声音。

天色暗淡了下来。在暗色的光照下，人群变得惊惶起来，河上的轮船已经看不清轮廓。光线越来越暗，就像到了黄昏。景色越来越模糊，草不再是绿的，远处的山也开始变得飘忽不定。太阳越来越弯了，但我们仍然觉得这是一个有些暗淡的白天。此时，我想到了那些关于日食的说法，他们说天色会变得一片黑暗，这有点夸张了。现在，太阳变得只有一小条，我想，如果没有了这一小条，世界真的会落入黑暗吗？

---

1 此处所说的星光偏折本身已经得到证实，但在量的方面跟相对论还不能完全符合，观测结果表明，这个理论在这一现象的有关方面应做必要的修正。

突然，那一小条消失了。瞬间，整个大地都被浓重的黑暗覆盖了。我看到从南面蹿出来大片阴影，它很快就把山冈、河流和田野都笼罩了，像是一条巨大的被单。这时，所有人都未出声，人群变成了密实的黑影。

这个夜晚不同寻常，没有月光，也没有树影。空中像是垂下来一张稀薄的网，似乎还有一些细细的灰尘撒向大地。在一侧的天空中，好像闪烁着一些微光，为大地拨开了一点点黑暗。这时，天空中乌云密布，里面像是在进行激烈的争斗。在黑暗的幕后，露出了一些变幻的光亮，让那些景色活了起来。太阳就像被什么东西抓住了，被拽着在天空奔跑。云也像受了惊吓，在空中胡乱逃窜。"

大家都听说过人工日食，就是在望远镜里放一个不透明的圆片，把太阳遮住，看起来就像日食一样。你可能会认为，既然能够人工形成日食，为什么还要花费那么多人力物力去观测自然界的日食呢？

要知道，人工日食是无法替代自然界的日食的。太阳光线在到达地面之前，会先穿越大气层产生漫射，所以我们才能看到蔚蓝的天空。虽然人工日食也能够遮挡照射过来的阳光，可是，周围的漫射光线依然存在。在自然界中，月球比大气边界远了数千倍，这一屏障能够阻挡太阳光线照向地球，所以发生日食的时候，是没有漫射光线的。当然，严格来说，也不是一点漫射都没有，只是漫射而来的光线量极少，只有一点点进入了暗影区。所以，日全食出现时，天空并不是完全漆黑的。

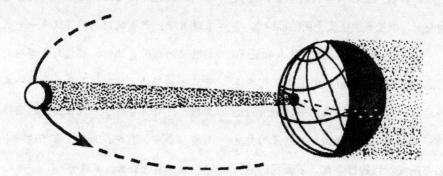

图56 相对论的推论之一。光线在太阳的引力下偏离原来的位置。按照相对论，站在点 T 的人看到星光是沿着 E'FDT 射来的，实际上是沿着 EFDT 射来的。图中 C 指的是太阳，如果没有它的引力，星光就会沿着直线 EF 射向地球。

为什么每过 18 年会出现一次日月食

很久以前，古巴比伦人就发现，每隔 18 年零 10 天，就会出现一次日月食。他们把这一现象称之为沙罗周期，并以此来预测日月食。虽然沙罗周期很早就被发现，但直到近代，人们才弄清楚它出现的原因。

一个月指的是月球绕地球运行一周的时间。在天文学上，关于一个月有 5 种不同的时间。下面，我们就来看看其中的两种：朔望月和交点月。

朔望月，指的是两次相同的月面相位间隔的时间，也就是在太阳上看月球绕地球一周所用的时间，它等于从上一次出现朔月开始到下一次再出现朔月的时间，是 29.5306 天。

交点月，指的是地球公转轨道跟月球绕地轨道的交点。从交点开始，月球绕地球一周后再返回交点的时间，称为交点月。时间是 27.2123 天。

日食和月食形成条件之一就是朔月或望月刚好落在交点上，这时月球、地球和太阳三者的中心在一条直线上。也就是说，从这一次月食开始，到下次再出现同样的月食，间隔的时间必定包含整个朔望月和整个交点月。

我们可以用下列的方程来计算这一间隔时间：

$$29.5306x = 27.2123y$$

其中，x 和 y 是整数，把这个方程改写成比例式：

$$\frac{x}{y} = \frac{272123}{295306}$$

在上述比例式中，29.5306 和 27.2123 没有公约数，所以，最小的整数答案就是：

$$x = 272123$$
$$y = 295306$$

单从这两个数上来看，就是几万年的时间，这对于我们预测日月食没有任

何实际意义。所以，天文学家经常会取它们的近似值：

$$\frac{295306}{272123}=1\frac{23183}{272123}$$

在剩下的分数中用分子和分母除以分子：

$$\frac{295306}{272123}=1+\frac{23183\div23183}{272123\div23183}=1+\cfrac{1}{11+\cfrac{17110}{23183}}$$

再把分数 $\frac{17110}{23183}$ 的分子和分母除以分子，一直进行下去，就会得出：

$$\frac{295306}{272123}=1+\frac{1}{11}+\frac{1}{1}+\frac{1}{2}+\frac{1}{1}+\frac{1}{4}+\frac{1}{2}+\frac{1}{9}+\frac{1}{1}+\frac{1}{25}+\frac{1}{2}$$

我们只取前面的几节，得到一些近似值：

$$\frac{12}{11},\ \frac{13}{12},\ \frac{38}{35},\ \frac{51}{47},\ \frac{242}{223},\ \frac{535}{493}\cdots\cdots$$

计算到第五个近似值，对我们来说就够了，它已经很精确了。如果继续往后计算，精确度会更高。如果采用这组数值，即 $x = 223$，$y = 242$，那么，就能计算出日月食的重复周期是 223 个朔望月，或 242 个交点月。如果换算成年，就是 18 年零 11.3 天或 10.3 天，在这个时期，有可能存在 4 个或 5 个闰年。

前面讨论的就是沙罗周期的原理。根据计算可以看出，这个原理不是很准确，所以我们会把沙罗周期减掉 0.3

天，以 18 年零 10 天为准。根据它计算出的第二次出现同样日月食的时间，比实际情况晚 8 个小时左右。

如果重复用 3 次沙罗周期来计算，得出的结果跟实际情况刚好差 1 天。月球到地球的距离和地球到太阳的距离都是变化的，并呈现一定的周期性，但沙罗周期中没有体现这一点。也就是说，利用沙罗周期，只能推算出下一次发生日月食时是哪一天，但无法预测是发生月偏食、月全食，还是月环食，更没办法预测在地球的哪些地区能够看到它。另外，也有可能一次出现的日偏食面积很小，但 18 年后出现的日食由于面积太小，导致我们根本看不到。还有可能会发生相反的情况，18 年前根本没看到日食，但 18 年后却在同一天看到了很小的日偏食。

随着科学的发展，天文学家们已经对月球的运动研究得很透彻了，甚至能够推测出发生日月食的准确时间，前后相差不超过 1 秒钟。所以，沙罗周期逐渐就退出了历史的舞台。

地平线上同时出现太阳和月亮

　　曾经有天文爱好者称，他在 1936 年 7 月 4 日观测月偏食时，同时看到了地平线上的太阳和月亮。你可能会说，这怎么可能呢？前面说过，在发生食相时，月球、地球和太阳在一条直线上。但是，我要告诉你，这件事是真的。

　　月球和太阳同时出现并不奇怪，这是地球上的大气层在作怪。地球上的大气会偏折它里面的光线，我们把这种偏折称为"大气折射"。在大气折射的作用下，天体的位置看起来比实际位置高一些。虽然我们看到了地平线上的太阳或月亮，但其实它们依然处在地平线以下。

　　法国天文学家弗拉马利翁说过："在 1666 年、1668 年和 1750 年发生的几次日食中，这一天文现象表现得特别明显。"其实，1877 年 2 月 15 日发生月食时，巴黎这一天的太阳在下午 5 点 29 分落下，此时月亮升起。但是，月全食开始时，太阳仍然处于地平线以上。在 1880 年 12 月 4 日，人们再次看到了这一现象：下午 3 点 3 分，月食开始，4 点 33 分结束，月亮是下午 4 点升起的，而太阳在 4 点 2 分的时候才落下，这时的月亮正好抵达地球阴影的中心。

　　我们也可能会看到这样的情况：如果太阳还没有下山，或是已经升起的时候，出现了月全食，我们只要站在能够看到地平线的地方，就可以看到这一奇观。

有关月食的问题

题目 1：有没有可能，全年都没有月食？

解答：这种情况很常见，大概每隔 5 年就会有一整年都看不到月食。

题目 2：月食会持续多长时间？

解答：从初食到复原大概是 4 小时，如果是月全食的话，最长不超过 1 小时 50 分钟。

题目 3：在 1 年中，最多可能出现几次日月食？

解答：在 1 年中，发生日食和月食的总数大于或等于 2，小于或等于 7。例如，在 1935 年，一共出现了 5 次日食和 2 次月食。

题目 4：月食从右边还是左边开始？

解答：在南半球，月球的右边先进入地球的阴影，也就是从右边开始。北半球的情况刚好相反。

有关日食的问题

题目1： 有没有可能，全年都没有日食？

解答：这种情况是不可能的，1年至少有2次日食。

题目2： 日食持续多长时间？

解答：在赤道地区，日食持续的时间最长，全食是7.5分钟，从初食到结束大概4.5小时，在高纬度地区，日食持续的时间要短一些。

题目3： 观测日食的时候，为什么要隔着一片熏黑了的玻璃？

解答：这是因为，太阳光线太强烈，就算在日食的时候有一部分光线被月影遮挡住，但如果用肉眼观测，强烈的光线会灼伤视网膜上最敏感的部分，甚至对我们的视力造成永久性的破坏，无法恢复。隔着熏黑了的玻璃，就能帮我们避免这种伤害。方法很简单：用蜡烛把一块玻璃熏黑，只要可以透过这块玻璃去看日面就行了。通过熏黑的玻璃，我们既能看到日食，又不会被太阳强烈的光线或光晕伤害到眼睛。不过，由于我们事先不知道太阳的亮度，最好多准备几块黑色的浓淡不同的玻璃。

如果不用熏黑的玻璃，还可以把两块不同颜色的玻璃重叠放置，且颜色最好是互补的，或者用适当暗黑程度的照相底片来观测。需要注意的是，普通的太阳镜或护目镜是不能用来观测日食的，它们根本无法保护我们的眼睛。

题目4： 日食时，在日面上会看到一个移动的黑色月影。这个月影朝哪个方向移动，是左还是右？

解答：在北半球，这个黑色月影会从右向左移动，也就是初亏——月影和太阳最先接触的点，一直在太阳的右侧。在南半球，情况刚好相反，是从左向右移动，如图57所示。

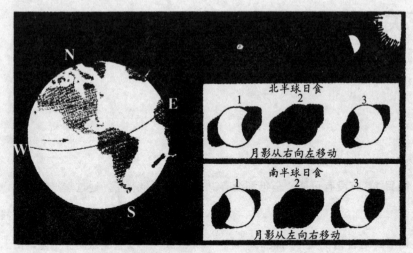

图 57 发生日食时，日面上月影移动示意图。

题目 5：日食时，太阳呈现的月牙形和蛾眉月的月牙形有区别吗？

解答：有。日食时，太阳所呈现的月牙形的两边都来自同一个圆圈，是它上面的两道弧。蛾眉月的月牙形，两边是不一样的，凸出来的那边是半圆形，凹下去的那边是半椭圆形。

题目 6：日食时，树叶影子中的光点为什么是图 58 所示的月牙形？

解答：树叶影子中的光点就是太阳的成像，所以这些光点的形状会随着太阳形状的变化而变化。日食时太阳会变成月牙形，光点自然也是月牙形。

图 58 日食时可观测到树叶影子的光点是月牙形。

月球上的天气是什么样的

因为大气的存在，地球上有了雨、雪、风等天气现象。月球上没有大气，因而也就不存在天气之说，唯一能够称之为天气的，就是月面土壤的温度。

现在，科学家在地球上就能够测量月球的温度。测量的仪器并不复杂，就是一根由两种不同金属焊接而成的导线，依据热电现象原理，如果导线上的两个焊接点温度不同时，就会有电流穿过导线。两个焊接点的温差越大，通过导线的电流强度就越大。这时，只要测出电流强度的大小，就能够知道被测量目标传到导线上的热量。

测量的仪器很小，起作用的部分只有 0.1 毫克，长度不足 0.2 毫米，但是它非常敏感，甚至能够测出宇宙中 13 等星传到地球的热量。要知道，13 等星距离地球很远，它所发出的微弱星光，只有肉眼可见光最弱亮度的 $\frac{1}{600}$，只有用望远镜才能看到它们。13 等星传到地球的热量跟一支蜡烛在几千米以外发出的热量差不多，但这种仪器可以接收到它们的热量，使自己的温度升高大约千万分之一摄氏度。这种仪器不但能够测量远处天体的温度，还能测量个别天体不同地方的温度，科学家们利用它测量出了月球在不同时间各个部分的温度。

我们能用望远镜观测月球的部分影像，在观测的时候，把仪器放在望远镜中图像的位置，就能测出相应位置的热量。通过这一方法，天文学家测量出的月球温度可精确到 10℃。如图 59 所示，这是测出的月面温度。满月时，月面中心的温度可达 110℃，这个温度比普通气压下的水的沸点还要高。一位天文学家曾经调侃说："如果我们生活在月球上，不用炉子也能烤熟食物，月面中心的每块岩石都能充当炉子。"月面上其

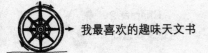

他地方的温度与它到月面中心的距离成反比。

月面中心附近的温度下降缓慢，在距离月面中心2700千米的地方，温度依然能达到80℃。但在距离很远的地方，温度下降得很快，如月面边缘的温度是-50℃，在找不到阳光的阴面，温度更低，达到了-153℃。

月球上的温差很大，而地球因为有大气层的保护，就算在晚上没有太阳照射，温度也只下降2～3℃。然而，在月球上面，月食时由于表面没有太阳光照射，月面温度下降明显。在一次月食时，曾经有人测量过月面的温度，结果发现，在1.5～2小时内，月面的温度从70℃下降到-117℃，温差将近200℃。月球上的温差如此之大，主要是因为没有大气层的保护。另外，月球上的物质热容量很小，导热性也不好。所以，想要在月球上生活，不仅要克服空气的问题，还要考虑到巨大的温差问题。

图59 月面的中央部分温度的可达110℃，远离中心的地方，温度迅速递减。

Chapter 3

行　星

白天也能看到行星吗

白天也能看到行星吗？答案是肯定的，只是没有夜晚看得那么清晰，但是天文学家们却经常这样做。比如，白天的时候想观察木星，只要望远镜的目镜半径不小于10厘米，就能够观察到木星，并且区分出木星上的云状带。如果是观察水星的话，白天比夜晚看得更清楚。因为在夜晚时，水星在地平线以下，有时还会受到大气层的影响，看起来很模糊，甚至根本看不到。白天就不同了，水星在地平线以上，观察起来很方便。

观察行星不太难，有时肉眼就能看到。比如，被称为宇宙中最亮行星的金星，在它最亮的情况下，肉眼就能够直接观测到。法国天文学家弗朗索瓦·阿拉戈曾经讲过一个故事："那天中午，空中出现的金星把人们的眼球全吸引了过去，拿破仑因此受到了冷落，这让他很懊恼。"

肉眼观察金星并不需要到空旷的地方，哪怕是在都市的街头，也能够观测到，且非常清晰。这跟金星的亮度有直接关系，如果在街道上观察，道路两旁的高大建筑物会遮挡日光，使得日光直射的威力降低。这样的话，人们眼睛受到的损伤会更少，所以观察起来很方便。

由于肉眼能够直接观测到金星，因此历史上有很多关于这方面的记载。比如，俄国的文献资料《诺夫哥罗德编年史》中记载到：1331年，白天观察到了金星。

那么，白天看金星有没有什么规律呢？根据科学考察，人们发现，差不多每隔八年，就可以在白天看到一次金星。如果你对宇宙感兴趣，也喜欢观测行星，不妨记住这一点。届时，你不仅能够看到金星，甚至还能看到水星和木星。

前面，我们提到了金星的亮度，有

人可能会问：金星、水星和木星，哪一个更亮呢？鉴于它们出现的时间不同，因而没办法比较。天文学家们对此进行了观察研究，结果发现，五大行星的亮度由强到弱依次是：金星、火星、木星、水星、土星。

在后面的章节中，我们会陆续讨论这些行星的具体情况。

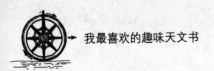

古老的行星符号

如图60所示，这是古老的行星符号，天文学家们至今还在使用，它们代表着宇宙中的太阳、地球、行星等。下面，我们就来看看，它们分别代表什么。

图中第一个符号代表月球，图标是一个月牙。

第二个符号代表水星，图标是水星的保护神墨丘利拿着挂杖，他被称为天上的商业神。

第三个符号代表金星，图标是一面手镜，代表女神维纳斯，象征爱与美。

第四个符号代表火星，图标是矛与盾，因为火星的保护神是战神马尔斯。

第五个符号代表木星，图标是草体字母Z，它不代表任何东西，但也不是一个简单的字母，因为它表示宇宙之王宙斯。

第六个符号是土星，按照弗拉马利翁的观点，这个图标是"时间的大镰"

月	球	☽
水	星	☿
金	星	♀
火	星	♂
木	星	♃
土	星	♄
天 王	星	♅
海 王	星	♆
冥 王	星	♇
太	阳	☉
地	球	♁

图60 太阳、月球和各大行星的符号。

被扭曲后的样子。

在公元9世纪的时候，人们就开始使用这些符号了，后来又陆续发现了宇宙中的其他行星，从而又新增了一些符号。

天王星的符号是在圆圈上面画了一个 H，设计者以此来纪念它的发现者赫歇尔（Herschel）。

海王星的符号是三股叉，代表海神波塞冬。

冥王星是最晚发现的，它的符号是由 PL 两个字母组成，代表地狱之神普鲁托（Pluto）。

除了上面提到的这些行星，我们也不要忘了最熟悉的地球和太阳。它们的符号很简单，一目了然。早在几千年前，古埃及人就设计并开始使用太阳的符号。至于其他的，我们在这里就不一一介绍了。

其实，这些符号除了表示行星外，还被用来表示一周中的每一天。在西方，这是一个很有意思的现象，比如，太阳符号——星期日，月球符号——星期一，火星符号——星期二，水星符号——星期三，木星符号——星期四，金星符号——星期五，土星符号——星期六。

为什么要用这七个符号来表示一周中的七天呢？如果你懂法文或拉丁文的话，就会明白两者之间的关系。在法文

中，lindi 是星期一，意思是月球日；mardi 是星期二，意思是火星日。

此外，古代的炼金术士也会用这些符号来表示金属，他们用这样的方法来

> 21 世纪以来，人们陆续发现了比冥王星的体积和质量更大的行星。2006 年 8 月 24 日，国际天文学民间联合会通过了一项决议：把冥王星看作太阳系的"矮行星"，即不再把它作为大行星。在本书中，我们为了尊重原著，仍然把它作为大行星来介绍。

纪念不同的神灵，比如，太阳符号——金，月球符号——银，水星符号——水，金星符号——铜，火星符号——铁，木星符号——锡，土星符号——铅。

这些行星符号除了用来表示一周中的日期和金属，还被动植物学家用来代表雄性和雌性等概念，比如，火星符号——雄性，金星符号——雌性，太阳符号——一年生的植物，木星符号——多年生的草本植物，土星符号——灌木和乔木。

由此可知，行星符号的使用还是挺广泛的。

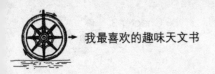

画不出来的太阳系

世界上有很多东西是没有办法用纸笔画出来的，太阳系就是其中之一。你可能会说："我经常看到一些太阳系的图片呀！"实际上，那不是完整的太阳系，甚至可以说，那是被扭曲的行星轨道图，行星本身是无法在纸上表现出来的。

从本质上来说，我们可以把太阳系视为一个巨大的天体，里面有一些小小的微粒，跟行星之间遥远的距离相比，它们的体积太小了。为了方便研究，我们把太阳系和行星进行等比例缩小，并画在纸上，如图61所示。

在 1：15000000000 的比例尺中，地球的直径只有 1 毫米，看起来就像别针头那么大；而月球的直径只有 $\frac{1}{4}$ 毫米，距离别针头 3 厘米；太阳就大很多了，直径大概是 10 厘米，跟地球的距离是10 米。如果我们把这张纸看成一个大厅，那么太阳的大小就像一个网球，位于大厅的一角。在距离太阳 10 米的地方，地球如同一个小的别针头，位于大厅的另一边。

看得出来，整个宇宙的中间很空旷，

太阳表面的一段弧

木星　土星　海王星　天王星

地球　金星　火星　水星

地球　384000千米　月球　冥王星

0 100000 200000 300000 400000 500000千米

比例尺

图61 太阳和行星的相对大小，在这张比例图中，太阳的直径是 19 厘米。

行星占据的空间连冰山一角都算不上。虽然网球和别针头之间还有水星和金星，可它们也很小，水星的直径只有 $\frac{1}{3}$ 毫米，在距离网球 4 米的地方；金星和地球差不多大，也像一个别针头，在距离网球 7 米的地方。可见，它们对于整个大厅的布局都没什么影响。

但是，有一颗行星不容忽视，它的直径大约是 $\frac{1}{2}$ 毫米，在距离网球 16 米、距离地球 4 米的地方，它就是火星！平均每过 15 年，火星就会跟地球相互靠近一次。在太阳系模型中，火星的周围没有任何东西，但其实火星有两颗卫星，如果按照等比例缩小，这两颗卫星的体积就太小了，根本看不出来。而且，在这个模型中，还有许多细菌大小的行星，围绕在火星和木星之间，距离太阳大概 28 米。

其实，木星的体积是很大的，但在模型中，它的直径只有 1 厘米，跟榛子的大小差不多，距离网球 54 米。在距离它 3 厘米、4 厘米、7 厘米、12 厘米的地方，分别有四颗卫星，它们的直径大约是 $\frac{1}{2}$ 毫米。另外，还有一些细菌大小的卫星，距离木星不超过 2 米。在这个模型中，木星系统的半径大约是 2 米，而"地球—月球"系统的半径大约只有 3 厘米。

说到这里，你一定明白了，想在纸上把太阳系画出来，真的是太难了。

在这样的纸上，土星距离太阳 100 米，直径大约是 8 毫米，它的光环宽约 4 毫米、厚约 0.004 毫米，在它表面 1 毫米的周围，分布着 9 颗卫星，分别沿着半径为 0.5 米内的圆圈运动。天王星的大小和绿豆差不多，它距离太阳 196 米；海王星和天王星差不多大小，但比天王星距离太阳更远，大约是 300 米；冥王星的半径比地球小一些，它距离太阳 400 米左右。

在这个模型中，还存在不少彗星，它们也围绕太阳做椭圆形的运动。在公元前 372 年、1106 年、1668 年、1680 年、1843 年、1880 年、1882 年（这一年出现了两颗）和 1887 年都出现过彗星。每 800 年，彗星会绕太阳运行一周，距离太阳最近的时候不到 12 毫米，最远的时候是 1700 米。想把这些彗星都容纳到模型中，这个模型的直径至少是 3.5 千米。在如此庞大的模型中，只有 1 个网球、2 颗小榛子、2 颗绿豆、2 个别针头和 3 颗更小的微粒。

所以说，要把整个太阳系等比缩小在一张纸上，是根本不可能的事。

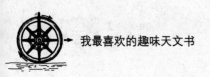

水星上为什么没有大气

行星自转一周的时间，乍一看和大气的存在没什么联系，但其实两者关系紧密。我们不妨选择距离太阳最近的水星为例来分析一下。

众所周知，有重力存在就会有大气。作为一个独立的行星，水星的表面是有重力的，所以它可以存在大气，且大气的成分应该和地球上的一样，只是密度比地球上的小一些。在水星上，大气想要克服重力，至少要有大于4900米／秒的速度。对于地球上的任何大气来说，要达到这样的速度是不可能的。

事实上，水星根本没有大气，月球也是如此，原因是一样的。由于月球围绕着地球公转，水星围绕太阳公转，它们总是有一面朝向所环绕的天体。在水星上，朝向太阳的一侧永远是白天，另一面则是寒冷的夜晚。由于水星距离太阳的距离是地球距离太阳的2/5，所以

水星上的白天特别热，它受到的太阳光照的热力是地球的6.25倍。它的另一面非常寒冷，人们通过实验得出，这一面的温度大概是－264℃。在昼夜交替的中间部分，时冷时热，时明时暗，这条狭长地带的宽度大约是23°。

综上所述，水星上根本不可能像地球上一样存在大气。在水星黑暗阴冷的一面，由于气温非常低，气体都凝结成固体，大气压力也变得很低；而在朝向太阳的那一面，由于气温很高，气体都膨胀了，慢慢流向黑暗阴冷的那一面，而在达到黑暗阴冷的那一面时，又会受到低温的作用而固化。所以，水星上的气体全都变成了固体，并以这种形态存在于黑暗的一边。这就使得，整个水星上都没有大气存在。

月球上也没有大气，原因同样是由于光明一面的大气流到了黑暗的一面，

最后变成固体，直至消失不见。在威尔斯的小说《月亮里的第一批人》中，有这么一段描述："月球上也有空气，只不过这些大气先变成了液体，然后不断固化，只有在白天时才感觉得到。"对于这一说法，霍尔孙教授并不认同，他说："月球上根本没有空气，也不可能感觉到空气，因为在月球的黑暗面大气会固化，而在光明的一面空气会不断膨胀，流到黑暗的一面，继续固化。所以，月球上是不可能有大气存在的。"

水星和月球上都没有大气，这是科学的论断。但是，在金星上却存在大气，在它的平流层里，二氧化碳的含量超过了地球大气含量的一万倍。

金星什么时候最明亮

高斯的名字，想必大家都不陌生，他在数学界创造了不少的传奇。不过，多数人也只是知道他是一个有名的数学家，但其实他还是一个狂热的天文学爱好者。

高斯曾经通过望远镜发现了金星的位置和形状，为了验证这个发现，还特意请自己的母亲来观察。一天晚上，星光灿烂，他带着母亲来到望远镜前。原本，他只是想让母亲验证一下自己发现的那颗月牙形的金星，没想到母亲给了他更大的惊喜。高斯自己观察的时候，只是发现了金星的位置和形状，并没有在意金星的位相。然而，母亲却在望远镜里发现了金星的位相，并看到金星的月牙是朝相反方向的。这说明，金星跟月球一样，是有位相的。

研究发现，金星的位相有它的特点，如图 62 所示。当金星呈现月牙形的时候，视直径比它满轮的时候大很多。因为行星与我们之间的距离会随着位相的改变而改变。地球跟太阳的平均距离是15000 万千米，金星距离太阳是 10800 万千米，由此可得，金星和地球之间的最近距离是 4200 万千米，最远距离是25800 万千米。

当金星距离地球最近的时候，它的

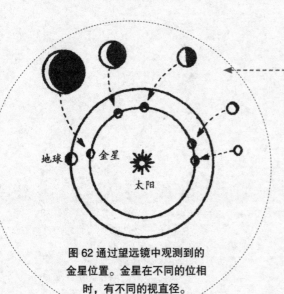

图 62 通过望远镜中观测到的
金星位置。金星在不同的位相
时，有不同的视直径。

视直径最大，此时它朝向我们的是阴暗一面，我们观察时会看不清楚。随着金星离我们越来越远，它的形状会慢慢从月牙形变成满轮，视直径也越来越小。不过，需要指出的是，金星满轮的时候，不是它最亮的时候，也不是在它的视直径最大（64″）的时候，这两个时刻都不能观察到最亮的金星。准确地说，金星最明亮的时刻，是从它的视直径最大时算起的第 30 天，此时金星的视直径是40″，月牙形宽度的视直径是 10″。这时，它是整个天空中最明亮的行星，亮度是天狼星的 13 倍！

火星大冲

前面我们说过，每 15 年火星和地球会相互靠近一次，也就是说，此时它们的距离是最近的。天文学上把这一时刻称之为"火星大冲"。最近出现大冲分别是在 1924 年和 1939 年，如图 63 所示。可是，为什么火星大冲每 15 年才出现一次呢？

其实，要解释这个问题也不难。地球绕太阳公转一周的时间是 $365\frac{1}{4}$ 天，而火星是 687 天，它们从这一次相遇到下一次相遇，中间经历的时间应当是它们各自公转时间的整数倍，由此可列出下面的方程：

$$365\frac{1}{4}x = 687y$$

$$x = 1.88y$$

$$\frac{y}{x} = 1.88 = \frac{47}{25}$$

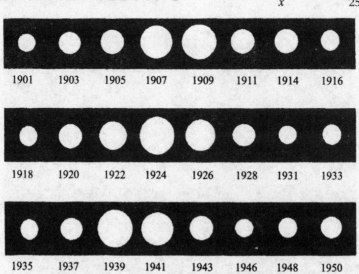

图 63　20 世纪上半段中火星各次大冲时期视直径的变化。图中可见，20 世纪上半段各次大冲分别发生在 1909 年、1924 年、1939 年。

把右边的分数化成连分数的形式，即：

$$\frac{47}{25}=1+\cfrac{1}{1+\cfrac{1}{7+\cfrac{1}{3}}}$$

取前三项的近似值，有：

$$1+\cfrac{1}{1+\cfrac{1}{7}}=\frac{15}{8}$$

这一结果表明：地球上的 15 年，相当于火星上的 8 年。所以，火星和地球的相遇，每 15 年就会发生一次。同样的方法，我们还能推测出其他行星跟地球相遇的时间，比如木星：

$$11.86=11\frac{43}{50}=11+\cfrac{1}{1+\cfrac{1}{6+\cfrac{1}{7}}}$$

前三项的近似值是 $\frac{83}{7}$，这就是说，地球上的 83 年相当于木星上的 7 年，它们每 83 年就会相遇一次。相遇的时候，就是木星最明亮的时候。根据相关记载，木星在 1927 年的时候出现过一次大冲，就此我们可以推断，下一次木星大冲的时间是 2010 年，再下一次是 2093 年。

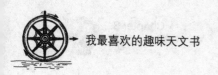

是行星还是小型太阳

木星是太阳系中最大的行星，它可以分割成 1300 个地球大小。由于它的引力很大，在它周围环绕着成群结队的卫星。现在，天文学家发现木星的卫星至少有 11 个，其中最大的 4 个早在几百年前就被伽利略发现了，并用罗马数字 I、II、III、IV 来表示。其中，木卫 III 和木卫 IV 并不比水星小。在右边的表中，我们列出了这 4 颗卫星跟水星、火星和月亮的直径大小比较。

天体的名称	天体的直径（千米）
木卫 I	3700
木卫 II	3220
木卫 III	5150
木卫 IV	5180
火星	6788
水星	4850
月球	3480

在 图 64 中，我们借助图画直观地展示了它们的大小对比。图中，最大的圆代表木星，左边的圆代表木星的 4 颗卫星；沿木星的直径排列的那些小圆代表地球；在大圆右边紧挨着地球的小圆，代表的是月球，月球的右边依次代表火星和水星。

需要注意一下，这是一张平面图，而非立体图，各个圆面积之比跟这些天体的真实体积之比并不对应。球体的体积与它的直径的立方成正比，如果木星

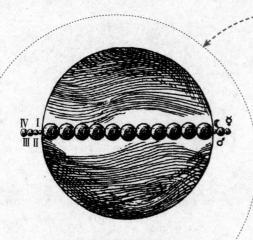

图 64 木星和它的卫星跟地球、月球、火星、水星的大小比较图。

的直径是地球的 11 倍,那么,它的体积就是地球的 1300 倍。了解这一点后,我们就不会对这张图里的画面产生错觉了,并能够正确体会到木星的真实大小。

木星有强大的吸引力,这一点我们从它与卫星之间的距离上就能看出。在下列的表中,我们列出了它们与地球到月球的距离对比。

天体	距离（千米）	比值
地球到月球	380000	1
木星到卫 III	1070000	3
木星到卫 IV	1900000	5
木星到卫 IX	24000000	63

从表中可以看出,木星系统的大小是地球—月球系统的 63 倍,至今为止,还没有发现哪颗行星有如此庞大的卫星系统呢!所以,把木星比作小型的太阳,也不是没有道理的。此外,木星的质量大概是所有其他行星质量之和的 2 倍。如果太阳消失了,木星完全可以取代它的位置。这时,木星就变成了天体的中心,它巨大的引力会使得其他行星围绕

> 在比木星、土星更遥远的行星,如天王星、海王星上,大气中的沼气含量更高。1944 年,天文学家发现土星最大的卫星泰坦上也有由沼气组成的大气存在。

着它来旋转。不过,运行的速度可能不如现在快。

把木星比作小型的太阳,还有一个依据,那就是它在物理结构上跟太阳很相似。组成木星的物质的平均密度大概是水的 1.3 倍,这与太阳的密度 1.4 非常接近。不过,木星的形状是扁平的,因此有科学家认为,木星应该有一个密度非常大的核心,在核心的外面应该有一层很厚的冰层和大气层。

不久前,人们再次证实了木星与太阳的相似性。有科学家认为,木星没有固体外壳,很快就会变成一个发光体。但是,这种看法没能站住脚,科学家在测量了木星的温度后发现,那些漂浮在大气上的云层温度特别低,竟然达到了 $-140℃$。

我们不知道这一温度会出现什么样的物理特征,比如,在木星大气中的风暴现象、云状带以及红斑等。不久前,人们已经发现,在木星和它相邻的图形上,存在大量的氮气和沼气。但是,如果想更彻底地了解木星,天文学家们还有很长的路要走。

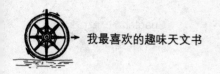

土星上的光环消失了

土星的外围环绕着一层光环，所有见过的人无不赞叹它的美，甚至会联想到天使身上的光环，给人一种温暖之感。1921年，曾经流传过这样一则谣言：终有一天，土星环会碎掉，碎片会在空中散落，撞到地球上，给地球带来灾难。有人甚至还预言了灾难发生的时间，以及灾难的可怕后果。

现在，我们知道了，这不过是一则谣言而已。可是，对于当时听到这条传言的人来说，却是莫大的恐惧。那么，土星上的光环到底会不会消失呢？如果消失了，会带来什么样的后果呢？

从天文学上讲，土星上的环确实有消失的可能，这是一种很常见的情况，叫作土环的"消失"，绝非人们理解的那种灾难。土环消失的原因很简单，土星的环相对于它的宽来说是很薄的，当环的侧面朝向太阳时，它的上下两面并不能同时照到光线，为此我们就看不到环。当环的侧面正对着地球的时候，我们也看不到环，这就是土星环消失的原因。现在你知道了，谣传中所说的环破裂撞上地球引发灾难，根本是无稽之谈。

天文学上，还有一个名词叫环的"展露"。土星的环跟土星绕太阳公转的轨道平面之间的夹角是27°，这就使得土星在公转过程中会有一个时刻，正好位于公转轨道某条直径上的两个遥相对应的端点。此时，土星的环既朝向太阳，也正对地球，如图65所示。在与两个端点呈直角的另外两个点上，土星环把最宽的一面朝向太阳和地球，这就是环的"展露"。

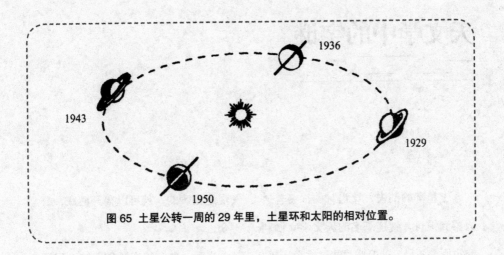

图 65 土星公转一周的 29 年里，土星环和太阳的相对位置。

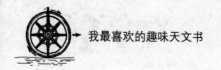

天文学中的字谜

土星环的消失，让当时的很多普通人感到惊讶，就连著名的天文学家伽利略也困惑不已。他亲眼目睹过这个光环，可就是想不明白，它为什么会消失？他为此进行了不少的实验和研究，但终究还是没能揭开这个疑惑。不过，他还是发现了一些有价值的东西。

这是一个很有趣的故事。当时的科学界有个习惯，就是为了让大家知道自己的发现，通常用文字谜的方式把自己的发现公布出来，这样就不用担心被人窃取劳动成果了。如果你有了某项独创的发现，哪怕这个发现需要进一步证实，你也可以用文字谜的方式把自己的发现权保存下来。所谓的字谜，其实就是把自己的发现编成一句简单的话，然后打乱字母的顺序，将其发表。这样的话，发明者就能为自己争取验证这一发现的时间。如果发明者最后验证了自己的发现是正确的，就可以揭开谜底，公之于众。

当时，伽利略通过望远镜发现了土星周围似乎有一个环，于是他就编写了这个字谜：

Smaismermilmepoetalevmibuneunagt taviras

这一连串复杂又混乱的字母，外人自然看不懂。但如果有人对此进行专门的研究，并愿意花费时间，也可以找到其中的规律。这是 39 个字母，它们的排列方式可以通过下式求出：

$$\frac{39!}{3!5!5!4!5!2!2!3!2!2!2!}$$

继续算下去，上式等于：

$$\frac{39!}{2^{19} \times 3^6 \times 5^3}$$

这个数值大概是 36 位数。如果用秒来表示一年的时间，大概是 8 位数。所以，想要揭开这个字谜，可能需要上千万年的时间。可见，伽利略对于这个秘密保存得很严密。

和伽利略同时代的意大利物理学家开普勒，花费了大量的时间和精力去破解这一字谜，并且得出了结果：

Salve, umbestineum geminata Martia proles.

翻译过来的意思是：向您致敬，孪生子，火星的产生。

开普勒认为，伽利略一定是发现了火星的两颗卫星。不过，他也不是很确定。值得一提的是，火星附近的确有2颗卫星，在250年后才被人发现和确认。后来证实，伽利略的字谜想表达的意思，并不是开普勒所说的，而是下面的这句话：

Altissimam planetam tergeminum observavi.

翻译过来的意思是：我曾经看见有3颗最高行星。

原来，伽利略想说的是，他看到土星附近有两个东西环绕，加上土星是3个，但是不确定那两个东西是什么。后来，伽利略又发现这两个东西消失了，就更加迷惑了，以为自己看错了，那两个东西可能根本不存在。

半个世纪之后，科学家惠更斯发现了土星环，他也像伽利略一样发表了一个字谜：

Aaaaaaacccccdeeeeeghiiiiiiilll mmnnnnnnnnnnoooopppqrrsttttttuuuuu

3年后，他确认了这个发现，就揭开了字谜的真正顺序：

Annulo cingitur tenui plano nusquam cohaerente, ad eclipticam inclinato.

翻译过来的意思是：土星被一条薄而平的环环绕着，这条环不跟任何东西接触，只跟黄道斜交。

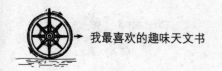

比海王星更远的行星

　　我在以前出版的书中写到过，我们所在的太阳系中，海王星是最远的行星，它到太阳的距离是地球到太阳距离的30倍。随着科技的发展，现在人们又有了新的发现。1930年，科学家发现了比海王星还要远的天体围绕着太阳旋转，并将其命名为冥王星，列为太阳系的新成员。所以，我必须要推翻之前的结论。

　　这一发现在我们的意料之中。很早以前，天文学家就认为，肯定还有比海王星距离太阳更远的行星，只是尚未发现而已。100多年前，当时人们以为天王星就是太阳系的尽头。英国数学家亚当斯和法国天文学家勒维耶通过数学方法得出一个结论：比天王星更远的地方，确实有行星存在。当时，这是通过数学推理得出来的，但人们很快就验证了这个推断，且这颗行星用肉眼就能看到。海王星就是这样被发现的。

　　但是，海王星的存在不足以解释天王星运动的不规则性。因此，有人当时提出了一个大胆的猜想：在太阳系中还存在着比海王星更远的行星。于是，数学家们开始解决这个问题，并提出多种方案，关于这颗未知行星距离太阳有多远，以及它的质量是多少，有诸多的猜测和说法。

　　随着科技的进步，倍数更高的望远镜诞生了。1929年底，年轻的天文学家汤博终于观察到了这个太阳系家族的新成员，也就是后来被命名的冥王星。冥王星的运行轨迹是前人曾经提出的一条轨道，但有些专家认为，并非数学家推算出了这条轨道，一切都只是巧合。

　　关于冥王星，我们知道的有限，因为它距离我们太遥远了，几乎没有太阳光线可以照到它。所以，就算我们有最强大的工具，也难以测出它的直径，只是估计它的直径大约是 5900 千米，约是地球的 0.47。

冥王星的运行轨道很窄，偏心率只有 0.25，它和其他行星一样都围绕着太阳公转。它到太阳的距离是地球到太阳的 4 倍，公转一周的时间是 250 地球年，轨道和地球轨道的夹角是 17°。在冥王星的上空，太阳光线很暗，亮度是地球上空太阳光线的 $\frac{1}{1600}$。所以，它看起来就像一个有 45″ 角度的小圆盘，跟我们看到的木星大小差不多。于是，有人就提出了一个问题：冥王星上空的太阳，跟地球上空的满月相比，哪一个更亮呢？

虽然冥王星离我们很远，但也不是我们想象的那样暗淡无光。地球上空的太阳比满月明亮 44 万倍，而冥王星上空的太阳亮度是地球上空的太阳亮度的 $\frac{1}{1600}$，也就是说，冥王星上空的太阳亮度是地球上空满月的 275 倍。这说明，如果冥王星的天空跟地球上的天空一样清晰，那么站在冥王星上，会感觉好像同时有 275 个月亮照着，就算是圣彼得堡最明亮的夜晚，也只有这个亮度的 $\frac{1}{30}$。所以说，冥王星并不是一片黑暗的。

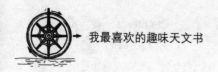

小行星

太阳系中不是只有8颗行星，只是这8颗行星比其他的行星大而已。其实，还有许多的小行星也围绕着太阳旋转，比如说谷神星，它的直径大约是770千米，算是比较大的行星了。可是，它的体积跟月球相比就显得小很多了，就如同月球和地球相比一样。

早在1801年1月1日，科学家们就发现了这颗小行星。在整个19世纪，人们在火星和木星之间，一共发现了400多个行星。当时的人们以为，这些小行星只在火星和木星之间运动。后来，人们逐渐在火星和木星的轨道之外发现了小行星，如1898年发现的爱神星。1920年，人们又发现了希达尔哥星，之所以这样命名是为了纪念墨西哥革命战争中牺牲的烈士希达尔哥。希达尔哥星的活动范围靠近土星，与地球轨道的夹角是43°，当时被认为是轨道最扁的行星，偏心率是0.66。

16年后，也就是1936年，科学家又发现了阿多尼斯星，它的轨道偏心率是0.78，比希达尔哥星的轨道更扁，活动范围更广，其中一端靠近水星，另一端则远离太阳。

科学家们想了很多富有创意的办法来记录小行星，他们通常会记录下这颗小行星被发现的年份。不过，并不是采用12个月来表示，而是用24个半月，每个半月都会用不同的字母表示。如果在某个半月里发现了好几个小行星，就会在这些字母后加上第二个字母来排序。倘若24个字母无法满足需要，他们就会从字母A开始，在这个A的右下角做一个标记。比如，$1932EA_1$，代表的就是，这颗小行星是1932年3月的上半月发现的第25颗行星。随着科技的发展，人们发现了越来越多的小行星。不过，宇宙是无穷的，依然还有很多行星等待我们去发现。

小行星的体积大小不一，但整体来说都不大。目前发现的小行星，直径在 100 千米的有 70 多个，直径在 20 ~ 40 千米的特别多，还有一些直径只有 2 ~ 3 千米的。因此，前面说的谷神星，应该是比较大的行星了。此外，智神星也算大的，它的直径是 490 千米。

据估计，目前发现的小行星数目，还不足全部小行星的 5%。但可以肯定的是，就算加上那些没有被发现的小行星，它们的总质量也不到地球质量的 $\frac{1}{1600}$。

俄国的格里·尼明是一位研究小行星的资深专家，他说过这样一段话：

"小行星不仅体积有大有小，在物理特性上也是千差万别。在小行星的表层分布着不同的物质，所以，在反射太阳光的能力上，每个行星都不一样。以谷神星和智神星来说，它们对太阳光的反射能力跟地球上的黑色岩层差不多，而婚神星却跟浅色的岩层相同，灶神星反射太阳光的能力和白雪差不多。"

有些小行星发出的光芒会有波动，这表明它们也在自转，且说明其形状不规则。

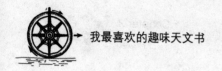

小行星阿多尼斯

前面我们提到过一颗小行星——阿多尼斯，它的轨道很扁，类似彗星的轨道。不仅如此，它还是距离地球最近的小行星。人们发现它的那一年，它离地球只有150万千米。虽然月球离地球更近一些，可月球只是地球的卫星，所以人们还是把阿多尼斯称为距离地球最近的行星。

除了阿多尼斯，阿波罗距离地球也很近。而且，在目前发现的行星中，阿波罗是最小的一颗。发现它的时候，它距离地球只有300万千米。火星距离地球最近的时候是5600万千米，而金星距离我们4200万千米。不过，阿伯伦到金星的距离最近的时候，只有20万千米。赫尔墨斯距离地球也很近，大概有50万千米，与月球到地球的距离差不多。

在天文学上，天体间距离的单位经常用"万千米"来表示。在我们眼中，这个单位似乎很大，可在天文学中，这样的距离是很小的。比如，一颗以花岗岩为质地的小行星，它的体积是520000000立方米，那么它的质量就是1500000000吨，相当于300座金字塔的质量。可见，天文学上的大小概念，跟我们日常生活中所理解的大小概念，根本是两回事。

木星的同伴："特洛伊英雄"小行星

在所有已经被发现的小行星中，有一组小行星的命名很有意思，全部是古希腊特洛伊战争中的英雄的名字，比如阿喀琉斯、帕特洛克罗斯、赫克托耳、涅斯托尔、阿伽门农，等等。而且，这些小行星还有一个特点，就是跟木星和太阳刚好形成一个等边三角形。所以，天文学家经常把它们称为木星的伴星。无论它们怎么运动，总是在木星前后60°的位置。

这些小行星在运动过程中绝对不会偏离轨道，哪怕是偶尔一次，也会被引力拉回来。这说明，这些小行星和木星、太阳之间所形成的等边三角形有很好的平衡性。在尚未发现这些小行星之前，法国的数学家拉格朗日就提出，天体之间有一定的稳定性。但是，他不认为宇宙中存在这样的天体。后来，当人们发现了这些小行星，不但证明这样的天体是存在的，也证明了他所说之话是错误的。所以说，通过研究这些小行星，可以促进天文学的发展。

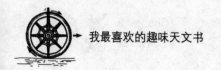

在太阳系里旅行

在前面的章节中，我们学习了地球和月球的一些天文知识，对它们有了一定的认识。下面，我们不妨拓宽眼界，去看看太阳系中的其他天体，以及它们有什么样的特点。

首先，让我们看看金星。其实，它离太阳和地球都很近，如果金星上的大气层是透明的，那么，当我们站在金星上面，用肉眼就能看到太阳和地球，且在金星上看到的太阳比我们在地球上看到的要大一倍，如图66所示。这个时候，地球就变成了非常明亮的行星。

在地球上，我们也能看到金星，但因为金星的公转轨道在地球系统里面，所以当金星在近地点，我们是看不到它的。只有当它离开地球一定的距离，我们才能看见它。而且，此时看到的金星并不完整，也不明亮。但是，在金星的

图 66 从地球和其他行星上看到的太阳大小对比图。

天空中，地球不仅很完整，还很明亮，就像一个火星大冲一样，它的亮度至少是地球上看金星最大亮度的6倍。

当然，我们还要说明一点：前面提到的数据是基于金星的外层大气透明可视的情况，在实际中，金星上总是时不时地出现一种叫作"灰色光"的现象。过去，科学家以为这种现象是由于地球的照耀导致的，后来发现，金星只能够接收到非常有限的地球光。从强度上来说，大概相当于一根普通蜡烛在35米外所发出的光线，如此微弱的光自然不足以让金星产生"灰色光"现象。

在金星的天空中，不仅能够接收到地球光，还能接收到月光，强度大概是天狼星上的月光的4倍。正是由于这个原因，我们才能在金星上通过望远镜看到月亮，且能够清晰地分辨它上面的细节。

另外，我们还能在金星的天空中看到一颗闪亮的行星，那就是水星，它的亮度大概是我们在地球上所看到的水星亮度的3倍。所以，在天文学上，水星也被称为金星的晨星和昏星。不过，如果站在金星上观察火星，你会发现，它

明显没有在地球上看到的亮；其亮度只有地球上所看到的火星亮度的40%，比木星还要暗一些。

尽管各个星星在空中所处的位置都不同，但它们的轮廓却很相似，无论在哪个行星上观察，所看到的星系图案都差不多，这主要是因为这些行星离我们太远了。

我们现在来看看水星。水星上没有空气，也没有昼夜。在水星上，太阳总是像圆盘一样挂在天上，地球看上去比在金星上看到的亮了1倍。最美丽的还要数金星，它看上去最明亮，甚至有些耀眼。

我们再来看看火星。在火星上依然能够看到太阳和地球，只是这里看到的太阳比地球上看到的小很多，只有一半大小；所看到的地球也只是其表面积的 $\frac{3}{4}$，亮度大概相当于在地球上看到的木星。这时，月球看上去很明亮，如果用望远镜看的话，还能够看到月球的位相变化。

关于火星，不得不提的就是它的卫星，其中最著名的是福波斯，它的直径不到15千米，距离火星最近，因而显得

很明亮。在比福波斯稍远一些的火星卫星上，能够看到一个位相不停变化的大圆面，它就是火星，这个圆面的视角大概有41°，其位相变化的速度超过月球几千倍。这样的情景，只有在木星的卫星上才能看到。

下面我们就来说说木星，它是太阳系中最大的一颗行星。在木星上，看到的太阳的体积相当于地球上所见的 $\frac{1}{25}$，且木星所接收到的太阳光也相当于地球上的 $\frac{1}{25}$。在木星上，白昼只有5个小时左右，非常短暂，剩下的时间都是黑夜。在木星的夜空中，我们很难找到熟悉的行星，因为所有行星的形状都发生了很大的变化，我们无法确定是否真的看到了它们。以水星来说，它此时被太阳光完全遮住，而金星、地球和太阳都是一起从西边落下，只有在黄昏时才能隐约看到它们；火星也是若隐若现，能够看到最亮的行星恐怕只有天狼星和土星了。

木星的天空中最著名的也是它的卫星，这些卫星把木星的天空照得很亮。具体来说，卫星 I 和 II 的亮度与地球上看到的金星亮度差不多，卫星 III 的亮度是金星上所看到的地球亮度的2倍，卫星 IV 和卫星 V 的亮度比天狼星还要亮很多。这些卫星的体积也不容忽视，前4颗卫星的视半径比太阳的半径大很多，但在运行的过程中，前3颗卫星会没入木星的阴影中，所以不能一直看到它们，也就无法看到它们整个圆面的位相。在木星上，偶尔也能看到日全食，但是看到的地带很狭窄。

木星的大气层不像地球上那么清澈，它既厚又稠密，看起来有些浑浊。在这样的条件下，有时会发现一些特别的光学现象。在地球上，由于光的折射作用，我们看到的天体比它的实际位置要高一些。在木星上，光的折射很明显，因而木星表面发出的光线偏折得很厉害，许多光线不是射入大气层，而是反折回木星，如图67所示，从而出现一些独特的景致。

在木星上，无论我们站在什么地方，都能够在半夜看到太阳。我们就像站在一个碗的底部，整个木星的表面基本都在碗内，碗口上方正对着天空，太阳就挂在天空中。这种景致真的是太奇妙了。不过，这只是天文学家的分析结果，真

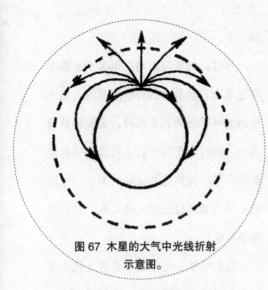

图 67 木星的大气中光线折射
示意图。

实情况是否如此还有待考证。

如图 68 所示，这是在木星的卫星
上看到的景象。在距离木星较近的卫星
上，我们会看到不一样的景致。比如，
在距离木星最近的卫星 V 上，我们看到
的木星视直径几乎是月球的 90 倍，但

其亮度只是太阳的 $\frac{1}{7}$ 到 $\frac{1}{6}$，当它的下
边缘已经接触地平线时，它的上半部分
依然在空中；当它完全没入地平线时，
圆面积大约是整个地平圈的 $\frac{1}{8}$。木星在
旋转时，卫星会映射到木星上，呈现出
一个小黑点。虽然这对木星的影响不大，
但还是会让它看上去变得暗淡了。

现在，我们到土星那里看看，瞧瞧
它的土星环。需要说明一点，不是在土
星上的任何地方都可以看到光环，如果
站在土星的南北纬 64° 到南北极之间，
是根本看不到光环的。如图 69 所示，如
果站在两极的边缘，只能看到光环的边
缘。只有在纬度 64° 到 35° 之间，我们
才能看到光环。在纬度 35°，我们看到

图 68 从木星的卫星 III 上看到的木星景象。

图 69 在土星表面的不同
位置看土星环，景象都不
一样。

的光环最清晰、最明亮，这时光环的视
角最大，是 12°。过了这个地方后，光
环就会逐渐变窄变模糊。在土星的赤道
上，我们只能看到光环的侧面，就像一
条狭长的带子。

另外，土星的光环只有一面能被太
阳照射到，另一面则是阴影。只有当我
们站在被太阳照射的那一面时，才能看
到土星环。土星被太阳照射的部分不是
固定不变的，每半年轮换一次。如果我
们在上半年看到了光环，那么下半年我
们看到的就是黑暗的一边。光环只有在
白天才能看到，晚上只会出现几个小时，
其余时间都是黑暗的。土星还有一个特
点，在地球上我们根本看不到它的赤道
地区，因为土星的赤道都处于光环的阴

影之中。

不过，如果我们站在距离土星最近
的卫星上，会看到很奇妙的景色。当土
星的光环呈现为月牙形时，景致是最漂
亮的。这时，在月牙的中间会有一条狭
长的带子，其实这是光环的侧面。土星
的一群卫星环绕在带子的周围，它们也
都是月牙形。

我们简单介绍了太阳系的几颗主要
行星，对于各个天体在别的行星天空中
的亮度对比，我们按照从大到小的顺序
进行了排列，分别是：

1. 水星天空的金星

2. 金星天空的地球

3. 水星天空的地球

4. 地球天空的金星

5. 火星天空的金星

6. 火星天空的木星

7. 地球天空的火星

8. 金星天空的水星

9. 火星天空的地球

10. 地球天空的木星

11. 金星天空的木星

12. 水星天空的木星

13. 木星天空的土星

我们在 4、7、10 项上画了横线，它们是我们最熟悉的，大家可以根据它们来判断其他的亮度。从上面的列表中可以看出，在太阳系的所有行星中，地球算是很明亮的了。

最后，我们再给出一些跟太阳系有关的数字，供大家在后面的学习中参考。

太阳：直径 1390600 千米，体积 1301200，质量 333434，密度 1.41。

月球：直径 3473 千米，体积 0.0203，质量 0.0123，密度 3.34，距离地球的平均距离 384400 千米。

如图 70 所示，我们给出了几个天体在望远镜中被放大 100 倍的情景。其

行星的大小、质量、密度、卫星的数量等一览表

行星	平均直径			体积（地球=1）	质量（地球=1）	密度		卫星的数量
	视直径	实际直径				地球=1	水=1	
	秒	千米	地球=1					
水星	13～4.7	4700	0.37	0.05	0.054	1.00	5.5	—
金星	64～10	12400	0.97	0.90	0.814	0.92	5.1	—
地球	—	12757	1	1.00	1.000	1	5.52	1
火星	25～3.5	6600	0.52	0.14	0.107	0.74	4.1	2
木星	50～30.5	142000	11.2	1295	318.4	0.24	1.35	12
土星	20.5～15	120000	9.5	745	95.2	0.13	0.71	9
天王星	4.2～3.4	51000	4.0	63	14.6	0.23	1.30	5
海王星	2.4～2.2	55000	4.3	78	17.3	0.22	1.20	2

行星到太阳的距离、公转周期、自转周期、引力等一览表

行星	平均半径		轨道偏心率	公转周期（地球年）	轨道上的平均速度（千米/米）	自转周期	赤道与轨道平面倾斜度	引力（地球=1）
	天文单位	百万千米						
水星	0.387	57.9	0.21	0.24	47.8	88 日	5.5	0.26
金星	0.723	108.1	0.007	0.62	35	30 日	5.1	0.90
地球	1.000	149.5	0.017	1	29.76	23 小时 56 分	5.52	1
火星	1.524	227.8	0.093	1.88	24	24 小时 37 分	4.1	0.37
木星	5.203	777.8	0.048	11.86	13	9 小时 55 分	1.35	2.64
土星	9.539	1426.1	0.056	29.46	9.6	10 小时 14 分	0.71	1.13
天王星	19.191	2869.1	0.047	84.02	6.8	10 小时 48 分	1.30	0.84
海王星	30.071	4495.7	0.009	164.8	5.4	15 小时 48 分	1.20	1.14

中，图 70 的左图是月球，右图是水星、

金星、火星、木星、土星，以及木星和

土星的卫星。

最近的水星和最远的水星

最近的金星（看不见），
最大的金星的月牙形和最
远的金星

最近的火星和最远的火星

木星和它的4个大卫星

土星和它的大卫星

图 70 左图是用望远镜放大了 100 倍
的月球图，右图是用望远镜放大了 100
倍的水星、金星、火星、木星、土星，
以及木星和土星的卫星图。

为什么叫"恒星"

夜晚，抬头仰望星空的时候，我们都会被那些闪闪发光的恒星吸引。我相信，很多人都跟我一样，对这些星星充满了好奇心：它们是从哪儿来的？有人说，它们和地球一样，都是自然界的产物，或是上天创造的美景。但是，这些答案都没有从根本上解开我们的困惑。下面，我们就来看看事情的真相。

无论是科学家还是天文学爱好者，一直都很热衷于研究恒星。早在400多年前，达·芬奇就说过："如果我们在一张纸上用针尖刺一个小孔，眼睛从小孔看过去，就可以看到一颗非常非常小的星星。这个时候，你会发现这颗星星并没有光。"这句话指出了恒星的客观存在，但是我们依然不知道，它到底是如何出现的？

我们经常说看到光，其实，这不是真正的光。学过物理学的人都知道，真正的光线是看不到的，看到的不过是一些被光线照亮的灰尘或微粒。在广阔的宇宙中，不管是白天还是夜晚，太阳始终都在发光，但我们无法看到这片真正的发光空间，甚至连笼罩在恒星外面的那层大气也看不到，尽管它充满尘土。那么，为什么我们能在夜晚看到恒星呢？

要揭开这个谜底，就必须了解一下我们自身的特性。其实，我们的眼睛在这里起到了关键作用。科学证实，我们的眼珠不是完全透明的，结构上也不是像玻璃透镜那样均匀，它只是一种纤维结构。亥姆霍兹在"视觉理论的成就"演讲中，说过这样一段话：

"眼睛里所形成的光点的像，不是真的发光。这是因为，构成眼珠的纤维有特殊的排列方式，通常这些纤维沿六个方向成辐射状排列，那些好像从发光点——如恒星或远处的灯火——所发出的看得见的一束束光线，只是眼珠的辐射构造的表现而已。眼睛构造上的这一缺陷，使人产生了错误的感觉。这是一种普遍现象，所以人们总是把所有的辐射状图形都称作星形。"

大家要记住，我们看到的 **恒星** 发光不是真实的，这些星星都是我们的眼睛创造出来的。

前面说过，达·芬奇讲到了一个神奇的现象。在赫尔姆霍尔兹的理论中，对这种现象给出了解释：如果我们从一个非常小的孔里看星星，就会只有一束很细的光进入眼睛，这束光线只接触到了眼珠的中心部分，此时眼珠的辐射不

再起作用。所以，我们只能看到那一束单一的亮光。也就是说，恒星自己的光芒没有了，只能看到一些非常小的发光点。在没有望远镜的情况下，我们可以用这种方法看到那些不带光芒的群星。

那些璀璨的恒星是谁创造的呢？现在，我们可以很自豪地说，正是我们自

> 我们所说的"恒星"的光芒，并不是眯着眼看星星时所看到的那种好像是从星星上延伸到眼前来的光线，而是由睫毛的光的绕射作用引起的。

己创造的！由于眼睛的特殊构造，才让我们看到了灿烂的夜空。我们应当感谢眼睛构造上的这一缺陷，若不是它，我们只能看到一点点细小的光，根本看不到光芒四射的群星。

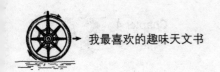

为什么恒星会眨眼，行星却不会

小朋友经常会把星星比喻成一个调皮的孩子，说它在空中不停地眨眼睛。确实，眨眼睛是星星的一大特质。在我很小的时候，经常跟伙伴们一起去看星星，就是想知道它们是如何眨眼睛的。其实，不仅是小孩对此感兴趣，很多科学家也喜欢仰望星空，看恒星眨眼睛的样子。弗拉马利翁曾经说："星星发出的这种忽明忽暗、忽白忽绿忽红的光，就像晶莹璀璨的钻石一样闪烁，让星空显得灵活起来，使人觉得星星中似乎有一双眼睛在看着地球。"

那么，星星为何会眨眼睛呢？天真的孩子偶尔会这样问，但也只是问问，并不会深究。但是，对于科学家来说，这却是一个值得研究的问题。他们还研究了星星眨眼的速度、星星为何会变换颜色等问题。

星光在达到我们眼睛之前，需要经过一段很长的距离，其中的必经之路就有大气层。地球上空的大气每一层的温度和密度都不一样，所以，当星光经过这些大气层的时候，就像是经过了很多个三棱镜、凸透镜或凹透镜，经过多次偏折之后，光线变得时聚时散，忽明忽暗。因而，星星闪烁的原因，主要就是因为不稳定的大气。如果大气层是稳定的，那么，进入眼睛的星光就是稳定的，我们也就看不到行星眨眼了。另外，星星闪烁的幅度也有差异，一般来说，白色的星星比黄色、红色的星星闪烁的幅度更大一些，地平线附近的星星比悬在天空的星星闪烁得更厉害一些。

只有恒星会眨眼睛，行星是不会的。因为恒星距离我们比行星要远很多，这使得它们的光不是一个点，而是很多个闪烁的点，这些点组成了一个圆面。虽然每个点的闪烁幅度不一样，但相互间会互补融合，让整个圆面看起来很稳定，看不出有什么变动。

星星会变换颜色，主要是因为星光在经过大气层的时候，不仅会发生偏折，还可能出现色散。所以，我们不但会看见星星闪烁，还会看见它们变换颜色。距离地平线越近，颜色变换得越明显。风雨过后，空气质量很好，星星闪烁得也更有力，而颜色变换得也更明显。

那么，星星多久变换一次颜色呢？根据科学家的统计，这个没有特别的规律，主要看观察的条件。有的可能是每秒几十次，有的可能每秒一百多次，甚至更多。不过，也有一个简单的计算方法：首先，找到一颗很亮的星星，用双筒望远镜来观察它，观察的同时快速旋转望远镜的物镜。这时，我们看到的不是星星，而是一个由很多颗不同颜色的星星组成的环。如果星星闪烁得很慢，或是望远镜转动得很快，这个环就会分裂成很多颜色不同、长度不一的弧。这样，我们就能通过计算得出星星改变颜色的大概次数。

白天能否看见恒星

白天我们可以看到行星，那么，是否也能看见恒星呢？历史上很多人都研究过这个问题，有一种普遍的说法是：如果想在白天看见恒星，需要站在深井、很深的矿坑或是高烟囱的底部。这种说法出自很多名人之口，但都是听别人说而已。有些人认为这种说法是对的，但是能否在这些地方看到恒星，并没有人亲身验证过。

美国的一本杂志上曾经刊登过一篇文章，对白天在井底根本看不到星星进行了论证，作者认为，白天能够看到星星的说法是没有任何依据的，不过是玩笑话。有意思的是，这篇文章刊登出来后，很快就有一位农场主写了一封反驳信寄给杂志社，依照农场主的说法，他的确在白天时进入过一个深20米左右的地窖，并在那里看到了五车二和大陵五这两颗星星。后来，人们对这封信进行

仔细研究，发现信中说的并不属实。依据农场主提到的观察地所在的纬度以及当时的季节来判断，他提到的那两颗星星根本就没有经过天顶。所以，这只是一场恶作剧。但是，人们对这个问题的讨论却依然没有停止。

人们通过大量的事实证明，深井、矿坑等地方能帮我们在白天看到星星的说法，根本站不住脚。为什么白天看不到星星呢？原因还是在于大气。空气中的微尘漫射的太阳光比恒星的光更强，所以白天是不可能看到星星的。就算我们下到深井和矿坑，也无法改变太阳光比星光更亮的事实。

下面，我们可以通过一个实验来证明这一点。实验需要准备硬纸匣、白纸、针、灯。

首先，用针在硬纸匣的侧壁扎几个小孔，把白纸贴在侧壁的外面，然后把

灯放到纸匣里，点亮它。最后，把整个纸匣放在一间黑暗的屋子里。这时，我们能够在侧壁的小孔上看到灯发出的光点，它们都映照在白纸上，就像晚上的星星一般。接着，打开屋子里的灯，我们会看到，虽然纸匣里也亮着灯，但是白纸上的亮点看不见了，这就跟白天看不到星星是一样的道理。

随着科学技术的发展，我们可以在白天通过望远镜看到星星。但是，在很多人看来，这仍旧是因为从"管底"看才能够看到，这种说法是不对的。望远镜里有玻璃透镜和反射镜，会对光产生折射和反射，通过望远镜观察的时候，我们看到的天空会变暗，而光点状的恒星会变亮，所以我们在白天也能看到恒星。

这样的解释让一些人很受挫。其实，有些行星比恒星更亮，比如金星、木星和大冲时的火星，在太阳光照较暗的时候，我们也能够在白天看到它们。如果说在深井里看到这些星星，还是有可信度的。在深井之中，井壁会遮住阳光，这时我们就能看见距离我们较近的行星，但不是恒星。对于这一特殊的现象，我们在后面会详细介绍。

最后，需要提醒大家的是，我们在白天看到的那些星星，其实是半年前我们在晚上看到的那些星星，再过半年的话，它们又会在晚上进入我们的视野。

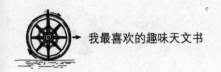

星 等

在仰望星空的时候，你有没有想过把星星区分开？可是，要用什么标准来区分呢？

很早以前，人们就开始琢磨这个问题，还提出了根据星星的大小和亮度来划分等级的方法，这里说的等级在天文学上被称为"星等"。通常，把黄昏时分空中最亮的星星称为一等星；亮度次之的称为二等星，以此类推，一直到六等星。六等星的亮度，就是肉眼刚刚能够看到的亮度。

然而，这种方法带有很强的主观性，无法满足天文学研究的需要。于是，天文学家就制定了一个更加完善的标准，对星星的亮度等级进行了细致地划分。具体来说，就是把一等星的平均亮度规定为六等星的 100 倍，如果有的星星比一等星还亮，就把它划分成零等星或是负等星。

依照上面的规定，科学家们推出了恒星的亮度比率。也就是说，前一等星的亮度是次等星的多少倍。我们不妨看看这个比率的大小，假设它是 n，则有：

一等星的亮度是二等星的 n 倍；

二等星的亮度是三等星的 n 倍；

三星等的亮度是四等星的 n 倍；

……

如果把其他各等星的亮度跟一等星进行比较，就有：

一等星的亮度是三等星的 n^2 倍，一等星的亮度是四等星的 n^3 倍，一等星的亮度是五等星的 n^4 倍，一等星的亮度是六等星的 n^5 倍。

根据前面的规定，可得出：

$$n^5 = 100, \quad n = \sqrt[5]{100} \approx 2.5$$

这就表明，前一等星的亮度是后一等星的 2.5 倍。如果再精确一点的话，这个比率是 2.512。

虽然一等星是天空中最亮的星星，但它不是最亮的天体。太阳比一等星亮很多，它的星等是负 27 等星。所以说，负等星才是空中最亮的天体。注意，这里说的"负"，和数学上的"负数"不是一个概念。

星等的代数学

前面我们说过，星等是用来表示星星的亮度的。其实，在天文学的研究中，使用更多的是一种叫作光度计的特殊仪器，它能够比较出一个未知亮度的天体和已知亮度的星星的差别，通过设置一些参数，把仪器中设定好的"人工星"与真实的星体进行比较，得出想要的数据，再进行计算。

对于那些比一等星更亮的星体，我们要如何表示呢？在数轴上，数字"1"的前面是"0"，因此，我们把那些比一等星亮 2.5 倍的行星称为"零等星"，把那些比零等星更亮的行星称为"负等星"，如"负 1 等星"，"负 2 等星"，等等。

偶尔也有这样的情况，有些星星的亮度没有达到一等星的 2.5 倍，只有 1.5 倍或 2 倍，这该如何表示呢？我们还要回到数轴线上，这些星星将位于数字 0 和 1 之间，我们可以用小数来表示，比如"0.9 等星"，"0.6 等星"，等等。

0、负数和小数都可以用来表示星等，这样做就是为了方便计算，同时为我们提供一个统一的标准。用这种表示方法，我们可以把任何星体的星等用数字精确地表示出来。

下面，我们举几个例子来说明。如，天空中最亮的恒星天狼星，它的星等是负 1.6 等；只有在南半球才能目睹的老人星，它的星等是负 0.9 等；北半球最亮的恒星织女星，它的星等是 0.1 等；五车二星和大角星都是 0.2 等星；参宿七星是 0.3 等星；南河三星是 0.5 等星；河鼓二星是 0.9 等星。

我们列了一张表，里面涵盖了天空中最亮的一些星以及它们的星等（括号内是星座名称）。

从下表中可见，确实有 0.9 等和 1.1 等的星星，而刚好为 1 等的星星却不存

恒星	星等	恒星	星等
天狼（大犬座 α 星）	−1.6	参宿四（猎户座 α 星）	0.9
老人（南船座 α 星）	−0.9	河鼓二（二鹰座 α 星）	0.9
南门二（半人马座 α 星）	0.1	十字架二（南十字座 α 星）	1.1
织女（天琴座 α 星）	0.1	毕宿五（金牛座 α 星）	1.1
五车二（御夫座 α 星）	0.2	北河三（双子座 β 星）	1.2
大角（牧夫座 α 星）	0.2	角宿一（室女座 α 星）	1.2
参宿七（猎户座 β 星）	0.3	心宿二（天蝎座 α 星）	1.2
南河三（小犬座 α 星）	0.5	北落师门（南鱼座 α 星）	1.3
水委一（波江座 α 星）	0.6	天津四（天鹅座 α 星）	1.3
马腹一（半人马座 α 星）	0.9	轩辕十四（狮子座 α 星）	1.3

在。所以说，一等星只是一个亮度标准，只出现在一些计算中，它的存在就是为了便于研究和比较。

我们还可以算一算，1 颗一等星相当于多少颗其他星等的星？在下表中，我们给出了答案：

星等	颗数
二等	2.5
三等	6.3
四等	16
五等	40
六等	100
七等	250
十等	4000
十一等	10000
十六等	1000000

除了上表中列出的这些关系，对于一等星以上的星星，我们也能得出相应的关系。比如，南河三星是 0.5 等星，

也就是说，它的亮度是一等星的 $2.5^{0.5}$ 倍，即 1.6 倍；老人星是负 0.9 等星，它的亮度是一等星的 $2.5^{1.9}$ 倍，即 5.7 倍；天狼星是负 1.6 等星，它的亮度是一等星的 $2.5^{2.6}$ 倍，即 10.8 倍。

那么，对于肉眼可见的星空来说，它的全部光亮相当于多少个一等星呢？这个问题很有意思。统计发现，后一等星的数量大概是前一等星的 3 倍！前面说过，它们的亮度比率是 1∶2.5，而在半个天球上的一等星大概是 10 个。所以，问题的答案就是下列级数之和：

$$10+a10\times3\times\frac{1}{2.5}k+a10\times3^2\times\frac{1}{2.5^2}k+\cdots\cdots+a10\times3^5\times\frac{1}{2.5^2}k$$

因此有：

$$\frac{10\times a\frac{1}{2.5}k^6-10}{\frac{3}{2.5}-1}=95$$

也就是说，在半个天球上，肉眼可见的全部星的亮度之和，大概相当于100个一等星，或者说是一个负四等星。

最后，我们再来说说六等以后的行星。前面说过，六等星就是我们用肉眼刚好能看到的星星，那么七等星呢？对于这一等级的星星，除非我们有超能力，否则只能用望远镜才能看到。直至目前，借助最强大的望远镜，我们能观察到的星星是十六等星。如果我们把前面的问题中的"肉眼可见"改成"望远镜可见"，那么，半个天球上全部星空的亮度大概相当于1100个一等星，或是一个负6.6等星。

需要说明的是，虽然我们把恒星按照星等进行了划分，但这只是根据我们的视觉得出的划分标准，而非根据星体本身的亮度和物理特性得出来的。有些星体可能并不发光，但因为离我们比较近，所以看起来比较亮。反过来也是一样，有些星体可能本身很亮，但被我们划分为较低的星等。关于这一点，希望大家能有一个清醒的认识。

用望远镜来看星星

我们经常用望远镜来观测那些遥远的恒星，可是望远镜真的能够完全达到我们的要求吗？随着科学技术的发展，人类与宇宙的研究更加深入，也更广泛，广阔的宇宙不再令人心生畏惧。在对宇宙的探索过程中，望远镜是使用率最高的工具，用它观察物体的精确度与它的物镜大小成正比。换句话说，物镜越大，可以捕捉到的细节越细微。

望远镜的原理与光线进入我们眼睛的原理是一样的，我们可以把两者进行比较，看看望远镜是如何工作的。夜晚，我们用肉眼看东西时，瞳仁的平均直径大概是 7 毫米，如果一个望远镜的物镜直径是 10 厘米，那么，通过物镜的光线将是通过瞳孔的 $a\frac{100}{7}k^2$ 倍，大概就是 200 倍。由于望远镜的物镜很大，所以，当我们用它来观察星体时，会发现星体的亮度提高了许多。

研究发现，这个特点只适合观察恒星。因为，恒星发出的光线是单一的亮点，而行星却不是这样。观察行星的时候，我们看到的是一个圆面，这就给研究加大了难度。在计算行星的像的亮度时，要考虑到望远镜的光学放大率。

现在，我们就来看看用望远镜观察恒星的情况。依据上面的知识，我们可以做一些运算。比如，已知某望远镜的物镜直径，我们就能计算出，用它最多能够看到哪一等星。反之，如果我们想观察某一等星，就可以计算望远镜需要的物镜直径。比如，我们想看到 15 等以内的星，那么所需的望远镜物镜的直径不得小于 64 厘米。如果想要看到 16 等的星体呢？物镜的直径应该是多大？我们可以算一下：

$$\frac{x^2}{64^2} = 2.5$$

其中，x 为所求的物镜直径，可得：

$x=64 \sqrt{2.5} \approx 100$ 厘米

也就是说,想看到 16 等星,所需要的望远镜的物镜直径至少是 1 米。通常来说,如果想把能够看到的星等提高一倍,需要把望远镜的物镜直径增加到原来的 $\sqrt{2.5}$ 倍,也就是 1.6 倍。

计算太阳和月球的星等

太阳和月球，也跟恒星一样有星等。你想知道，它们的星等是多少吗？这一节，我们就来探讨这个问题。

前面提到的那些计算方法，在这里依然适用。也就是说，那些原则不仅适用于恒星，也适用于行星、太阳和月球等其他星体。由于行星的亮度比恒星要复杂，我们暂且只讨论太阳和月球。事实上，依据天文学的研究，人们已经得出：太阳的星等是负 26.8 等，满月时月球的星等是负 12.6 等。

我们说过，天狼星是最亮的恒星，那么，太阳的亮度是它的多少倍呢？继续套用前面的公式，我们可以得出，两者的亮度比率是：

$$\frac{2.5^{27.8}}{2.5^{2.6}} = 2.5^{25.2} = 10000000000$$

可见，太阳的亮度大约是天狼星的 100 亿倍。

那么，太阳的亮度又是月球的多少倍呢？前面提到，太阳的星等是负 26.8 等，也就是说，太阳的亮度是一等星的 $2.5^{27.8}$ 倍；满月时的月球的星等是负 12.6 等，即满月时月球的亮度是一等星的 $2.5^{13.6}$ 倍。所以，太阳的亮度是满月的 $\frac{2.5^{27.8}}{2.5^{13.6}} = 2.5^{14.2}$ 倍。

对于这个结果，我们查阅对数表，最终得出 447000。这就是说，在万里无云时，太阳的亮度大概是满月的 447000 倍。

对比完太阳和满月的亮度后，我们再来看看它们反射的热量。光线会带来热量，且热量跟它们反射的光线成正比。月球反射到地球上的热量等于太阳照射来的 $\frac{1}{447000}$。已知在地球大气的边界，每 1 平方厘米的面积每分钟得到的太阳热量约是 2 卡。对于月球而言，每分钟反射到地球上 1 平方厘米面积的热量不超过 1 卡的 $\frac{1}{220000}$。可见，这点月光不

会对地球上的气候产生多大的影响。相反，太阳对地球上的气候环境和四季变换造成了很大的影响，也对我们的生产、生活发挥了重要作用。

有人说月光能够消散云层，所以月光也有能量，对地球的影响很大。其实，这种说法是错的。晚上，在月光的照耀下，我们会看到云层发生的变化，但这不代表月光使云层发生了改变，而是帮助我们发现了它们的变化。

那些喜欢月亮的人，总是不愿意承认上面的说法。夜晚的月亮是那么漂亮，古往今来，多少文人墨客都喜欢用诗歌来赞美它。尤其是在月圆之夜，它照亮了整个天空。下面，我们就来计算一下，满月的亮度比半个天球中所有可见星体的光加在一起强多少倍。把一等星到六等星全部加在一起，它们的亮度大概是100个一等星。所以，这个问题就变成：满月的光亮是100个一等星的多少倍？这个比率是：

$$\frac{2.5^{13.6}}{100} = 3000$$

这就表明，在晴朗的夜晚，所有可见星体所发出的光只有满月亮度的$\frac{1}{3000}$。如果跟日光比，这些星体的光只有晴天时日光的13亿（3000×447000）分之一。

比一比恒星和太阳的真实亮度

通过前面的学习，相信大家已经很熟悉星等的概念了，它指的是我们在视觉上感受到的星星亮度，也就是视亮度。那么，它们的真实亮度是什么样的呢？怎样比较它们的真实亮度呢？

星体视亮度的大小，和它们的真实亮度以及它们与我们的距离有关：在真实亮度一定的情况下，距离越近，星体的视亮度和星等越高；在距离一定的情况下，真实亮度越高，星体的视亮度和星等越高。如果不知道星体的真实亮度和距离，那么星体之间的亮度比较就没有意义了。事实上，我们想知道的是，如果各个星体与我们的距离相等，那它们的亮度是什么样的？

前面提到过的星等划分方法，是天文学家人为规定的划分标准，这里我们依然采取同样的方法，对距离也进行规定，从而引出恒星"绝对星等"的概念。

所谓的"绝对星等"，指的是假如这颗星距离我们是 10 秒差距时的星等。这里的秒差距是测量恒星间距离的一种长度单位，1 秒差距约等于 300000000000000 千米。星体的亮度与距离的平方成反比。所以，在知道星体距离的情况下，很容易得出绝对星等的值。

统计发现，在距离太阳 10 秒差距之内的恒星中，发光能力的平均值大约等于绝对星等 9 等的星体。太阳的绝对

计算恒星绝对星等可以运用下面这个公式：

$$2.5^M = 2.5^m \times \left(\frac{\pi}{0.1}\right)^2$$

其中，M 表示恒星的绝对星等，m 表示它的可视星等，π 表示恒星的视差，单位是秒。上面的公式可变形为：

$$2.5^M = 2.5^m \times 100\pi^2$$

$$M\lg 2.5 = m\lg 2.5 + 2 + 2\lg \pi$$

$$0.4M = 0.4m + 2 + 2\lg \pi$$

因此得出：$M = m + 5 + 5\lg \pi$

再以天狼星为例，计算它的绝对星等。

其中，$m = -1.6$，$\pi = 0''.38$

$$M = -1.6 + 5 + 5\lg 0''.38 = 1.3$$

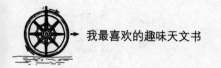
星等是 4.7，其绝对亮度约为相邻星体平均亮度的 $\frac{2.5^{9}}{2.5^{4.7}} = 2.5^{4.3} = 50$ 倍。

可见，在太阳系中，太阳是最亮的星体。如果把它和天狼星比较，哪一个更亮呢？

我们说过，太阳的绝对星等是 4.7，而天狼星的绝对星等是 1.3，如果天狼星距离我们 300000000000000 千米的话，它就相当于一个 1.3 等的星体。在这样的条件下，太阳是一个 4.7 等的星体。天狼星的绝对亮度，相当于太阳的 $\frac{2.5^{3.7}}{2.5^{0.3}} = 25^{3.4} = 25$ 倍。所以，尽管太阳的视亮度约是天狼星的 10000000000 倍，但它不是天空中最亮的。

最亮的恒星

在浩瀚的宇宙中，那一颗星星是最亮的呢？是北极星还是太阳？

要解释这个问题，不能够凭直觉猜测。天文学家们经过研究和观察，得出的结论是：在现有的观测能力下，剑鱼座 S 星是最亮的星星。它的绝对星等是负 8 等，位于南天，在北半球的温带地区是看不到它的。而且，它距离我们非常远，肉眼根本看不到。剑鱼座 S 星在小麦哲伦云的里面，小麦哲伦云跟我们的距离是天狼星跟我们距离的 12000 倍，属于我们相邻的另一个星系。

为了让大家能够直观地感受一下这个星体的发光能力，我们把它跟天狼星进行了比较。如果把剑鱼座 S 星放在天狼星的位置，它的亮度将是天狼星的前 9 等，大概跟上弦月和下弦月的亮度差不多。如果把天狼星放在剑鱼座 S 星的位置，它的亮度只有 17 等，就算借助最强大的望远镜，也只是隐约看到而已。

由此可知，剑鱼座 S 星的发光能力是很强的。有人可能会问，它的发光能力到底是多大呢？科学家们给出的答案是：负 8 等。我们不妨再把它跟太阳进行比较一下，计算得出的结果是：剑鱼座 S 星的绝对亮度约是太阳的 100000 倍。在已知的宇宙星体中，剑鱼座 S 星绝对是最亮的星星。

地球天空和其他天空各大行星的星等

前面我们主要介绍了地球上能够看到的各星体的亮度，这一节我们讨论一下，太阳系中各个行星上能看到的其他天体的亮度。在讨论之前，我们可以先看看下面的表，这是各行星在最亮时的星等，大家不妨对比一下。

地球上观测到的各行星的星等

行星	星等
金星	−4.3
火星	−2.8
木星	−2.5
水星	−1.2
土星	−0.4
天王星	+5.7
海王星	7.6

从这张表中我们不难看出，为什么我们能在白天用肉眼就能看到金星、木星等，却无法看到恒星。我们还能看出，在上述行星中，金星是最亮的，其亮度是木星的 $2.5^{1.8} = 5.20$ 倍。天狼星的亮度是负 1.6 等，金星的亮度是天狼星的 $2.5^{2.7} = 11.87$ 倍。就算是土星，也比天狼星和老人星之外的其他恒星都要亮许多。

在下面的表中，我们列出了在金星、火星和木星的天空看到的天体的亮度。

在金星的天空

天体名称	星等	天体名称	星等
太阳	−27.5	木星	−2.4
地球	−6.6	月球	−2.4
水星	−2.7	土星	−0.5

在火星的天空

天体名称	星等	天体名称	星等
太阳	−26	木星	−2.8
卫星福波斯	−8	地球	−2.6
卫星戴莫斯	−3.7	水星	−0.8
金星	−3.2	土星	−0.6

在木星的天空

天体名称	星等	天体名称	星等
太阳	−23	卫星 IV	−3.3
卫星 I	−7.7	卫星 V	−2.8
卫星 II	−6.4	土星	−2
卫星 III	−5.6	金星	−0.3

从行星各自的卫星上看它们的亮度，卫星福波斯天空的满轮火星是最亮的，星等是 −22.5；其次是卫星 V 天空的满轮木星，星等是 −21；再次是卫星弥玛斯天空的满轮土星，星等是 −20，它的亮度大概是太阳的 $\frac{1}{5}$。

最后，我们给出在各个行星上相互看到的亮度表。

从上表中可以看出，在这几个大行星的天空中，最亮的天体是水星天空的金星，其次是金星天空的地球和水星天空的地球。

太阳系各行星相互间的亮度一览表

序号	行星	星等	序号	行星	星等
1	水星天空的金星	−7.7	8	金星天空的水星	−2.7
2	金星天空的地球	−6.6	9	水星天空的地球	−2.6
3	水星天空的地球	−5	10	地球天空的木星	−2.5
4	地球天空的金星	−4.4	11	金星天空的木星	−2.4
5	火星天空的金星	−3.2	12	水星天空的木星	−2.2
6	火星天空的木星	−2.8	13	木星天空的土星	−2
7	地球天空的火星	−2.8			

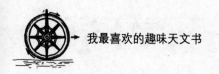

为什么望远镜无法将恒星放大

用望远镜观测行星的时候，行星会被放大，可是用它观测恒星的时候，恒星却被缩小了，呈现出没有圆面的一个光点。我们的先辈在第一次使用望远镜时，就对这一现象感到不解。据说，伽利略是第一位使用望远镜的科学家，他把这一现象记录了下来：

"如果用望远镜观测行星和恒星，会看到它们的形状不同。行星看起来是一个圆面，像个小月亮，有清晰的轮廓；恒星看起来很模糊，根本看不清它的轮廓。望远镜只是让它们看起来更亮，在亮度上，5等星和6等星与天狼星差别很大。"

要解答这个问题，我们得回顾一下视网膜成像的原理：当一个人远离我们时，他在视网膜上的成像会变小。当他离我们足够远时，他的头部和脚部在视网膜上的像会落在同一神经末梢上，

此时我们看到的人就是一个没有轮廓的点。

望远镜的成像原理也是这样的，恒星离我们很远，所以最后成的像就变成了一个点。望远镜的存在，只是增加了这个点的亮度，但无法改变它的大小。

当我们观察物体时，倘若视角小于1′，就会出现面变成点的现象。如果用望远镜来看，可以把所观察的事物的视角放大，让我们在观察时，物体上的细节可以延展到视网膜上相邻的神经末梢。我们经常说，"望远镜的放大倍数是100倍"，说的是通过这个望远镜观察时，物体的视角会放大到肉眼在同样距离时的100倍。不过，如果观察的物体离我们很遥远，放大后的视角仍然小于1′，那么就算用了望远镜，也是看不到的。

依照前面的理论，如果在月球这么

远的距离上观察一个物体，使用 1000 倍的望远镜，想看清物体的细节，物体的直径至少是 110 米；如果在太阳这么远的距离上观察，物体的直径至少是 40 千米；如果用同样的望远镜观测离我们最近的恒星，这个恒星的直径至少是 12000000 千米。要知道，太阳的直径只有这个数字的 $\frac{1}{8.5}$。如果把太阳移到这颗恒星的位置，使用 1000 倍的望远镜观察，我们看到的不过是一个小点。

就算用如此强大的望远镜来观测，想把这颗最近的恒星看成一个圆面，它的体积至少要达到太阳的 600 倍。同理，如果在天狼星那么远的距离上有一颗恒星，我们想用望远镜看到一个圆面，这颗恒星的体积至少要是太阳的 500 倍。在现实中，大多数恒星都比天狼星的距离远，而体积又比太阳小，所以即便有最强大的望远镜，也只能看到一些光点。

接下来，我们讨论一下行星。天文学家在观测行星时，通常只使用中等放大率的望远镜。这是因为，望远镜在使用时存在一个问题：它在放大物体的同时，会把光线分散到更大的面积上。当我们用望远镜来观察太阳系中大一些的天体时，放大镜的放大倍数越大，天体的圆面越大，成的像也就越大，从而使得天体的亮度减弱，我们就更不容易看清天体的细节。鉴于此，为了看清天体的细节，天文学家不得不选择中等放大率的望远镜作为观测工具。

有人可能会问：既然望远镜有这么多缺点，为什么天文学家不放弃使用呢？

首先，恒星的数目庞大，我们肉眼能看到的只是凤毛麟角，在观察那些看不到的恒星时，必须要借助望远镜。虽然恒星的大小不能改变，但是它的亮度会增加，这样我们也能够通过望远镜在夜晚的天空中看到它们。

其次，我们肉眼看到的范围是有限的，也会受到宇宙中某些假象的干扰。比如，在天空的某处，肉眼只看到一颗行星，倘若用望远镜来观察，通常会发现双星、三合星或更复杂的星团。虽然望远镜不能放大恒星的视直径，但是可以放大它们之间的视距。所以，对于一些非常遥远的星团来说，如果用肉眼观察，可能什么都看不到，或是只看到一个光点。可是，通过望远镜来观察，就

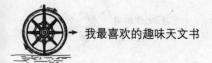

会发现它们是由很多颗星星组成的星团，如图71所示。

还有一个原因，就是视角的问题。用现代的巨型望远镜，天文学家所拍摄的照片的视角可达 0″.01。这是望远镜的一个重要功能，它能把视角测量得十分精确。举例来说，如果在 100 米处有一根头发，或是 1 千米的地方有一枚硬币，通过望远镜我们都可以清楚地看到它们。如果用肉眼的话，就算视力再好，也是看不到的。

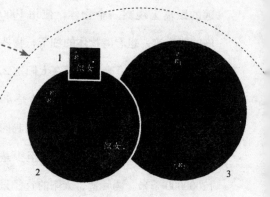

图 71 不同观测状态下织女星附近的一颗恒星。(1) 是肉眼看到的情景；
(2) 是用双筒镜看到的情景；
(3) 是用望远镜看到的情景。

测量恒星的直径

在 1920 年以前，人们谈论恒星的大小时，通常都是靠猜测，以太阳为参照物，估计出一个平均值。当时的科学家认为，测量恒星的直径是不可能做到的。当然，那时的他们也真的不具备这样的能力。

然而，到了 1920 年以后，随着物理学的发展，天文学也有了进展。人们找到了测量恒星真正大小的方法和工具，那就是光的干涉现象。下面，我们就来看一个实验：

实验需要一架放大率为 30 倍的望远镜；一个距离望远镜 10～15 米的光源；一张割了直缝的幕布；直缝的宽度大约是十分之几毫米；一个不透明盖子，用来遮住物镜，在它上面沿水平线和物镜中心对称的地方扎两个圆孔，圆孔的距离是 15 毫米，直径是 3 毫米，如图 72 所示。

实验的过程是这样的：物镜不盖盖子，用幕布遮住光源，通过望远镜观察。这时，我们会看到一条狭长的缝，在它的两边，分布着暗弱的条纹。接着，把物镜盖上盖子，这时，中间那条明亮的狭条上，会出现很多垂直的黑暗条纹。如果我们把盖子上的一个小孔遮住，这些条纹就会消失。因为光束在经过盖上的两个小孔射过来时发生了干涉，从而形成了条纹。

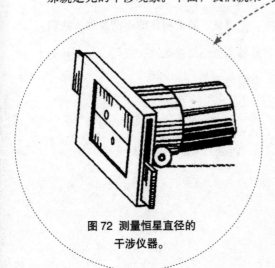

图 72 测量恒星直径的干涉仪器。

如果物镜前面的那两个小孔可以移动，也就是说，如果小孔中间的距离可以随意改变，那我们还会看到不同的情景。比如，当小孔之间的距离变大时，刚才看到的黑色条纹会变模糊，当小孔之间的距离大到一定程度，条纹则会消失。这时，我们记下条纹消失时两个小孔之间的距离，依据这个距离就能判断出观察者所见的直缝的视角大小。在此基础上，根据幕布上的直缝与观察者之间的距离，我们可以计算出直缝的实际宽度。

同理，在恒星直径的测量上，我们也能用这个办法。在望远镜前面的盖子上扎两个小孔，它们的距离可以变化。由于恒星的直径看起来太小，我们就选用最大倍数的望远镜。

除此之外，还有一种方法，就是根据光谱来测量。这需要三个前提条件：恒星的温度、恒星的距离和恒星的视亮度。

依据恒星的光谱，天文学家可以计算出恒星的温度。知道温度后，就能计算出 1 平方厘米的表面辐射的能量。知道了恒星的距离和视亮度，就能计算出它全部表面的辐射量。最后，把这个数值除以 1 平方厘米表面的辐射量，就能得出恒星表面的大小，从而知道恒星的直径。

现在，天文学家已经用这种方法计算出了一些恒星的直径。比如，五车二星的直径约是太阳的 12 倍，参宿星的直径约是太阳的 360 倍，天狼星的直径约是太阳的 2 倍，织女星的直径约是太阳的 2.5 倍，而天狼星的伴星直径约是太阳的 2%。

可见，随着科学的不断发展，我们能够测量出恒星的真正直径，而不是凭空猜想。

恒星中的"巨人"

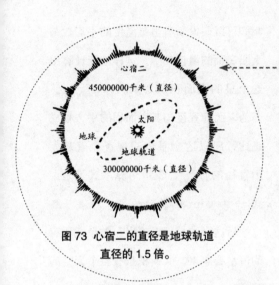

图 73 心宿二的直径是地球轨道
直径的 1.5 倍。

知道了恒星的直径后，我们就能计算出恒星的体积。在看到这些星体的数据时，你一定会很惊讶，它们竟然是那样的庞大，简直超出我们的想象。

1920 年，天文学家计算出猎户座 α 星参宿四的体积，这是第一颗被计算出体积的恒星。它的直径比火星的轨道直径还要大，让大家惊叹不已。接着，人们又计算出了天蝎座中最亮的星心宿二的直径，约是地球轨道直径的 1.5 倍，如图 73 所示。此外，人们还计算出了鲸鱼座中的一颗星的直径，它竟然是太阳的 330 倍。

对于这些巨星的物理结构，天文学家在分析后发现：它们的内部很松软，里面的物质极少，和它们的体积很不相称。有的天文学家比喻说，这些恒星就像是密度比空气小很多的气球。事实的确如此，以参宿四来说，它的质量只有太阳的几倍，可它的体积却是太阳的 40000000 倍，足见它的密度之小。如果太阳物质的平均密度和水接近，那么，参宿四的密度就跟稀薄的大气相仿。

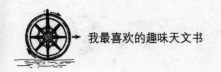

不可思议的计算结果

有的读者可能会问：如果把天空中的全部恒星挨个拼起来，它们的面积有多大？如果我说出答案的话，想必很多人都觉得不可思议。如果把所有恒星的视面积合起来，它们在天空中的面积与一个直径是 0.2 的小圆面差不多。

我们来分析一下：前面提到过，把望远镜里所有恒星的亮度加起来，相当于一个负 6.6 等星。负 6.6 等星的亮度比太阳暗 20 等。换句话说，太阳光的强度是负 6.6 等星的 100000000 倍。

我们可以假设所有恒星温度的平均数与太阳表面的温度相等，这样就能计算出这个星的视面积是太阳的 $\frac{1}{100000000}$。因为，圆的直径与其表面积的平方根成正比，所以这个星体的视直径就是太阳直径的 $\frac{1}{10000}$，表示为算术式就是：

$$30' \div 10000 \approx 0.2''$$

从这个结果可以看出，如果把所有的恒星合起来，其面积只有整个天空的 200 亿分之一。是不是很不可思议？

极重的物质

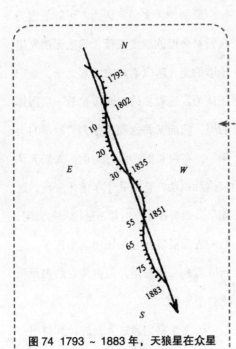

图 74 1793 ~ 1883 年，天狼星在众星中的运行路线。

　　如果用手拿起一个装着水银的杯子，就会发现它比我们想象的要重，这是因为水银的密度非常大。正因为此，它才成了人们研究和关注的对象。你可能会问：宇宙中有没有这样的物质存在呢？答案是肯定的。下面，我们就来看

看，至今为止发现的最重的星体。

　　这个星体位于天狼星附近，是一颗小星星。我们知道，天狼星运行的轨迹是一条曲线，如图 74 所示。正因为此，天文学家很早就注意到了天狼星，并对它展开专门的研究。到了 1884 年，海王星还没有被发现，德国著名的天文学家贝塞尔提出了一个推论：在天狼星周围，肯定存在一个伴星，且在这个伴星引力的作用下，天狼星的运行轨道发生了改变。然而，直到他去世，这个推断也没有被证实。直至 1862 年，天文学家通过望远镜发现了他提到的这颗伴星，他的推论才被证实。

　　后来，人们不断地进行研究，让更多的人知道了这颗伴星的存在。而且，人们还在它身上发现了一种奇特的现象，说起来甚至有些荒谬，在宇宙中都是前所未有的。天文学家们进行了多次

试验，发现这颗星所含的物质，比同体积的水要重 60000 倍左右，一杯这颗星的物质大概是 12 吨重，得用一节货运火车才能够拉得动。

天文学上把这颗伴星称为"天狼 B"星，它绕主星旋转一周的时间大概是 49 年。它的亮度只有 8 ~ 9 等，是一颗暗星。不过，它的质量很大，约是太阳的 0.8 倍。它和主星的距离约等于海王星到太阳的距离，也相当于地球到太阳的 20 倍，如图 75 所示。如果把它跟太阳进行深入比较，会发现它还有以下特征：如果把太阳放在天狼星的距离上，太阳的星等是 3 等。如果把这颗星放大，让它的表面和太阳表面之比等于二者的质量之

天狼星可能是一个三合星，因为它的伴星本身可能还有一个伴星，这个伴星光线很暗，旋转一周大约是 1.5 个地球年。

比，那么，这颗星的亮度就会跟一颗 4 等星差不多，而不是 8 ~ 9 等。

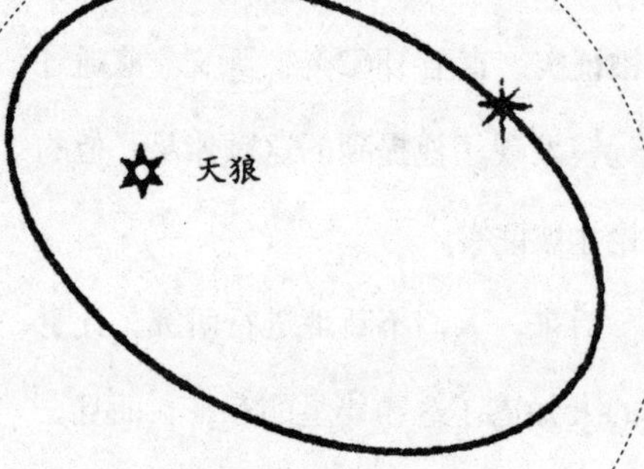

最初，天文学家认为，可能是因为这颗星表面的温度太低，导致无法发出足够的光，所以看起来才那么暗。他们还认为，这颗星的表面覆盖着一层固体的壳，因而又将这颗星称为"冷却的太阳"。在很长的一段时间里，人们都认同这种说法，直到几十年前才发现，这颗星虽然有些暗，但并不是冷却的太阳，它的表面温度比太阳还要高出许多。之所以看起来比较暗，是因为它的表面积比较小导致的。

天文学家们通过大量的计算得出：这颗星发出的光是太阳的 $\frac{1}{360}$；前面我们提到了光和半径的关系，因而它的半径应该是太阳的 $\frac{1}{\sqrt{360}}$，即 $\frac{1}{19}$。这就是说，天狼星伴星的体积是太阳的 $\frac{1}{6800}$，而质量却是太阳的 $\frac{8}{10}$，可见它的密度之大。还有天文学家得出更加精确的结果：这颗星的直径是 40000 千米，因而它的密

图 75 天狼星伴星绕天狼星运行的轨道。

天狼

度约是水的 60000 倍，如图 76 所示。

开普勒曾经说过："小心点吧，物理学家们，你们的领域要被侵犯了。"这句话虽然另有所指，但在这里依然适用。在固体状态下，普通原子中的空间很小，根本不可能再对里面的物质进行压缩。就算是现在，在普通条件下，也很难想象会有这么大密度的物质。事实上，物理学家们也从来没有想到过会有这样的事。

这样的话，就只有一种可能，那就是所谓"残破的"原子失去了绕核转动的电子，在发挥着作用。一个普通原子跟一个原子核相比，就像一座大房子和一只苍蝇。原子的质量主要在原子核上，电子几乎是没有质量的，如果原子失去了电子，它的直径大概会缩小到原来的 $\frac{1}{1000}$，但它的质量几乎不变。所以，在星球受到巨大的压力时，原子核会以惊人的幅度相互靠近，这种幅度达到了普通原子间距离的几千分之一，这就使得星球的密度变得很大，继而形成了一种密度极大的物质。

随着对这一现象的深入研究，天文学家们还发现了许多与之类似的物质。

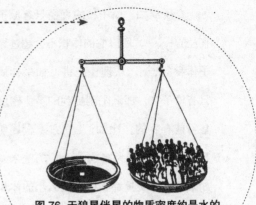

图 76 天狼星伴星的物质密度约是水的 60000 倍，几立方厘米的物质的质量就相当于 30 个人的质量。

比如，有一颗 12 等星，它在体积上并不比地球大，但所含物质的密度达到了水的 400000 倍，"天狼 B"星和它相比，密度也算小的了。

这还不是密度最大的。1935 年，天文学家在仙后座里发现了一颗 13 等星。这颗星的体积约是地球的 $\frac{1}{8}$，质量约是太阳的 2.8 倍。如果用普通单位表示，每立方厘米这种物质的质量 36000000 克，大概是"天狼 B"星的 500 倍！这是什么概念呢？1 立方厘米的这种物质，在地球上重 36 吨，这一密度是黄金的 200 万倍。

这颗星的中心部分物质密度大到令人难以置信，大约是 1 立方厘米 100 亿克。

众所周知，原子核的直径只有原子直径的 $\frac{1}{10000}$，所以它的体积不会超过原子体积的 $\frac{1}{10^{12}}$。从理论上讲，如果物质只有原子核，那么刚刚提到的星体密度是可能存在的。比如，1 立方米金属所含的原子核体积大概是 $\frac{1}{10000}$ 立方毫米，如果所有的质量都集中在这么小的体积上，这块金属的密度就会特别大，计算后可知：1 立方厘米这种物质的原子核约重 1000 万吨，如图 77 所示。

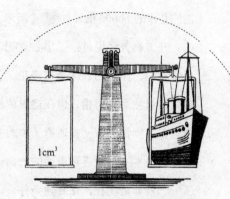

图 77 1 立方厘米的原子核的质量相当于大洋上一条轮船的质量，当原子核紧密排列时，1 立方厘米的原子核可达 1000 万吨。

宇宙中有许多令人惊奇的事物，多少年前被认为不可能的事情，随着科技的发展和人们视野的扩大，都变成了可能。比如，以前人们认为，密度比白金大几百万倍的东西是不可能存在的，可现在我们知道，这一说法得改改了。

为什么叫"恒"星

关于"恒星"和"行星"，单从字面上理解，"恒"是稳定的意思，"行"是变化的意思，这也是两者之间最基本的差别。过去，人们命名时也是考虑到这一点："恒星"指的是相对静止、稳定的星星；"行星"指的是围绕恒星不停运转的星星。虽然恒星也会运动，比如参与天空中环绕地球进行昼夜升沉的运动。然而，它们的位置并未因此发生改变，但行星的位置却是不断变化的。

其实，在宇宙中，所有的恒星彼此都在进行相对运动，太阳也是，它们运动的速度平均是 30 千米 / 秒，一点也不比行星慢。可见，恒星也不是静止的。我们在恒星中发现了一颗星，它跟太阳的相对速度是 250～300 千米 / 秒，因此我们也把这颗恒星称为"飞星"。

有人可能会说：为什么我们感受不到也看不到它的运动情况呢？当我们仰望星空的时候，总是看到它们待在同一个位置。无论是过去、现在，它们都没有变化，千百年来一直平稳地待在空中，怎么可能每年走几十万万千米呢？

其中的道理很容易理解，因为这些恒星离我们真的是太远了。很多人都有过这样的体验：站在高处看远处地平线上运行着的列车，觉得像是乌龟在爬行。可是，当我们走近去看，会发现火车在疾速前行，甚至让我们感到头晕。同理，恒星与我们之间的距离远得难以想象，所以我们根本感觉不到它的速度，也就感受不到它的运动。

最亮的恒星距离我们大概 800 亿千米，它一年的运动距离大概是 10 亿千米。这就是说，在一年的时间里，我们跟它的距离缩小了 80 万分之一，这个比例非常小。如果把它放到地球的夜幕上，这个比例会更小。我们在观察的时候，

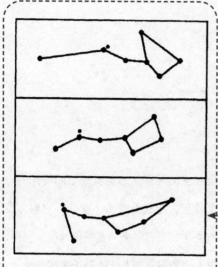

图 78 星座的运行变化十分缓慢。图中从上至下分别是大熊星座 10 万年前、现在和 10 万年后的形状。

眼睛随着这颗星移动的视角还不足 0.25 秒，如此小的角度，就算用精确的仪器也只能勉强分辨。如果用肉眼观察，就算花费更长的时间，也感觉不到任何的变化。

天文学家们经过无数次的测量，发现了星体的移动，并得出了一些结论，如图 78、图 79、图 80 所示。

其实，我们也不能武断地认为"恒星是永恒不动的"这句话是错的，因为用肉眼观察，它们确实是恒定不动的。而且，虽然这些恒星一直在飞速运动，但它们相遇的机会非常小，如图 81 所示。

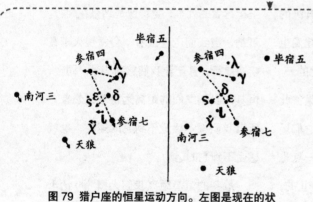

图 79 猎户座的恒星运动方向。左图是现在的状态，右图是 5 万年后的状态。

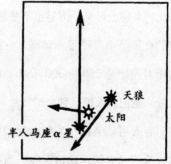

图 80 三颗相邻的恒星：太阳、半人马座 α 星和天狼星的运动方向。

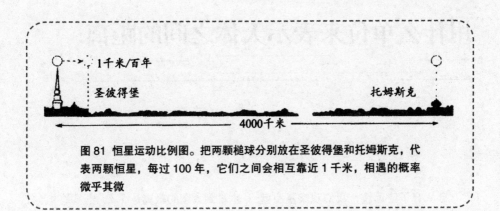

图 81 恒星运动比例图。把两颗槌球分别放在圣彼得堡和托姆斯克，代表两颗恒星，每过 100 年，它们之间会相互靠近 1 千米，相遇的概率微乎其微

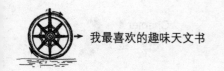

用什么单位来表示天体之间的距离

自从有了望远镜，我们观察星空就方便了许多。但是，除了这类工具之外，我们还要知道，理论基础也是很重要的，尤其是在长度的测量上。那么，该选择什么样的计量单位呢？

比邻星与半人马座 α 星是并列在一起的。

通常，我们采用的长度单位是千米或海里（1 海里 ≈ 1852 米）。可是，到了宇宙之中，这些单位就不再适用了。举个例子，如果用千米作为计量单位，那么木星到太阳的距离就是 78000 万，这就如同用毫米来表示一条铁路的长度一样，描绘起来很不方便。

于是，天文学家们就选择了更大的长度单位，把地球到太阳的平均距离（149500000 千米）作为单位，这就是"天文单位"。这样，在计算的时候能够省掉很多 0，非常方便。按照这个计量单位，

木星到太阳的距离是 5.2，土星是 9.54，水星是 0.387。

不过，这个单位只适用于太阳系，如果用它表示太阳到其他恒星的距离，还是太小了。比如，距离我们最近的一颗恒星是半人马座的比邻星，如果用前面说的单位来表示它到地球的距离，就是 260000，这个数字很大，还是不方便。更何况，许多恒星比它距离我们更远。为此，天文学家又提出了其他的单位：光年和秒差距。

光年，指的是光一年所走的路程，1 光年与地球轨道半径长度的比例，相当于 1 年的时间与 8 分钟的比例。你可以这样想，光从地球到太阳所花费的时间是 8 分钟。这样一来，你就知道这个单位有多大了。如果用千米来表示 1 光年，它等于 9460000000000 千米，大概是 95000 亿千米。

秒差距比光年更大，它通常用来计算星际间的距离。在天文学中，这个单位很普遍。那么，它究竟代表多远的距离呢？在这里，我们引入一个新的概念——周年视差，它是指在星球上看地球轨道半径时的视角。所以说，周年视差其实就是视角。如果在某个点上看地球轨道半径时的视角刚好是1秒，那么，这个点到地球轨道的距离就是1秒差距。从这个单位可见，天文学家把"秒"和"视差"两个词连起来了，从而构造出了秒差距。

通过计算，天文学家得出：1秒差距相当于206265个天文单位，1秒差距相当于3.26光年，也就是30800000000000千米。我们还以半人马座中的比邻星为例，它的视差是0.76秒，而距离跟视差成反比，所以这颗星距离我们$\frac{1}{0.76}$，也就是1.31秒差距。

下表是几颗恒星的距离，分别用秒差距和光年来表示。

恒星名称	秒差距	光年
半人马座 α 星	1.31	4.3
天狼星	2.67	8.7
南河三	3.39	10.4
河鼓二	4.67	15.2

表中的这些恒星离我们算是比较近

的，倘若把上面的单位换成千米，应该这样换算：先把第一列中的各个数乘以30，在得出的数后添上12个0。

除了光年、秒差距外，还有一个更大的单位，叫做千秒差距。它和秒差距的比例是1000：1，就如同千米和米。采用这个单位的原因很简单，就是光年和秒差距不够用。通过简单的计算，我们可以得出，1千秒差距相当于30800万万万千米。如果用千秒差距来表示银河系的直径，大概是30，而我们距离仙女座星云大概205千秒差距。这样表示的话，看起来就简单多了。

随着天文学家对空间研究的深入，上述提到的这些单位依然不够用，于是就有了更大的单位，即百万秒差距。各个天文单位之间的关系是这样的：

1百万秒差距 = 1000000秒差距

1千秒差距 = 1000秒差距

1秒差距 = 206265天文单位

1天文单位 = 149500000千米

你知道百万秒差距有多长吗？如果把1000米缩小到头发粗细，那么，百万秒差距就相当于15000万万千米，大概是地球到太阳距离的1万倍。我们可以做一个形象的比喻：蜘蛛丝随着长度的增加，质量也会增加。如果在莫斯科和圣彼得堡之间有一条蛛丝，它的质量大约是 10 克。如果从地球到月球之间有一条蛛丝相连，它的质量大约是 8 千克，而从地球到太阳的蛛丝可达 3 吨。但是，如果这条蛛丝的长度是一百万秒差距那么长，它的重量就是 600000000000 吨！

离太阳最近的恒星系统

我们说过，距离太阳最近的恒星是飞星和半人马座α星。

飞星是一颗小星，属于蛇夫座，星等是 9.5 等。它也可以被视为北天中距离我们最近的恒星，与我们的距离约是半人马座α星的 1.5 倍。那么，为何要叫它飞星呢？这是因为，它在运动的时候和太阳成一定的倾斜角，且运动速度很快，在一万年之内，它会两次逼近地球。此时，它比半人马座α星离我们近很多。

很早以前，人们就观测到了半人马座α星，只是很久之后，才对它有了全面的认识。最初，我们以为它是一颗星，但后来发现它是双星。近年来，在半人马座α星附近，我们又发现了一颗星等为 11 的星，于是它就成了一个三合星。至此，我们才算真正全面地了解这颗星。虽然后来发现的第三颗星距离另外两颗

星大于 2°，但因为它们的运动有一致性，速度和方向相同，所以我们还是把它当作半人马座α星的一员。

人们给第三颗星起了一个名字，叫比邻星。它是半人马座α星的三颗星中，距离我们最近的，比其他两颗近了大约 2400 个天文单位。这三颗星的视差是这样的：半人马座α星 A 和 B 是 0.775，比邻星是 0.762。

如图 82 所示，这个三合星的形状看起来有些诡异，之所以是这个形状，主要因为它们相距太远。A 星到 B 星的距离是 34 天文单位，而比邻星和它们的距离约是 13 光年。

A 星和 B 星围绕三合星的中心旋转一周的时间是 79 年，而比邻星是 100000 年以上。在运动过程中，它们的位置会有微小的变化，所以比邻星根本不用担心另外两颗星会抢走自己"最近

恒星"的称谓。对于 A 星和 B 星来说，这绝不是短期内就能够实现的。

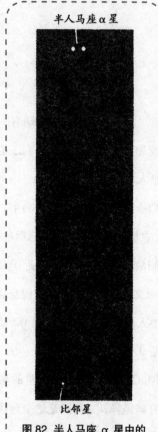

半人马座α星

比邻星

图 82 半人马座 α 星中的 A 星、B 星和比邻星，比邻星是距离太阳最近的恒星。

最后，我们来看看这几颗星的物理特性。

半人马座 α 星中的 A 星，在亮度、质量和直径上都比太阳大，如图 -83 所示。B 星的质量比太阳小，亮度只有太阳的 $\frac{1}{3}$，直径是太阳的 $\frac{5}{6}$。我们知道，太阳表面的温度是 $6000°C$ 左右，B 星表面的温度是 $4400°C$。比邻星的颜色是红色的，表面温度只有太阳的一半，即 $3000°C$。比邻星的直径介于木星和土星之间，但质量却是它们的几百倍。比邻星到 A 星和 B 星的距离，是冥王星到太阳的距离的 60 倍，是土星到太阳距离的 240 倍，但它的体积跟土星接近。

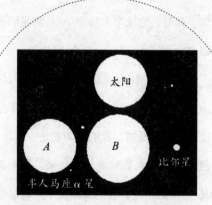

太阳

A B

比邻星

半人马座α星

图 83 半人马座 α 星中的三颗星和太阳的大小对比图。

宇宙的比例尺

我们曾经构造过一个缩微的太阳系模型，以便形象地描述太阳的大小。现在，我们把这个模型放到恒星中，看看它会是什么样子？

在这个模型中，我们用别针头代表地球，用直径为 10 厘米的网球代表太阳，用直径为 800 米的圆代表太阳系。接下来，我们就用这个比例尺来进行讨论，只是将其单位变成"千千米"。这时，地球的周长是 40，地球到月球的距离是 380。

下面，我们把这个模型进行扩展，放到地球之外来看看。我们看一下距离我们比较近的地方，也就是半人马座 α 星中的比邻星，它到网球的距离是 2600 千米；天狼星位于 5400 千米之外；河鼓二距离它 9300 千米。再远一点的是织女星，距离这个模型 22 千米；大角是 28 千米；五车二星是 32 千米；

轩辕十四是 62 千千米。再远一些的就是天鹅座的天津四，距离这个模型超过了 320 千千米，这个数字约是月球到地球的距离。

继续以这个模型为参考，我们来看看更远的距离。比如，在这个模型中，银河系中最远的恒星距离我们 30000 千千米，约是月球到地球距离的 100 倍。对于银河系之外的其他星系，我们依然能够借助这个模型来做比较。比如，仙女座星云和麦哲伦云都很亮，在夜间肉眼就能看得到。在这个模型中，小麦哲伦云的直径是 4000 千千米，大麦哲伦云的直径是 5500 千千米，它们到整个银河系模型的距离是 70000 千千米。仙女座星云的直径更大，大约是 60000 千千米，银河系模型是 500000 千千米，这几乎是我们到木星的距离。

说了这么多，大家应该对这个模

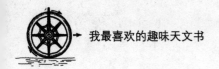

型有了深刻的认识。现代天文学的研究远不止这些，除了仙女座星云和麦哲伦云外，还包括银河系以外的那些恒星，也就是河外星云，它们距离太阳大约是600000000光年。如果读者感兴趣的话，可以用上面的模型来计算一下这些河外星云距离我们有多远？它们在什么位置？借助这个模型，能够帮我们对宇宙的大小有一个全新的认识和定位。

Chapter 5
万有引力

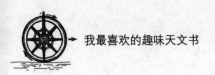

垂直向上发射的炮弹

你有没有想过这个问题：如果我们在赤道上，用一门大炮竖直向天空发射一枚炮弹，这枚炮弹最终会落在什么地方？

这个问题最早出现在一本杂志上，当时引起了激烈的讨论。依照上述的假设，这枚炮弹的初速度是8000米／秒，方向是垂直向上的，那么，70分钟之后它到达的高度刚好是地球的半径，也就是6400千米。我们来看看那本杂志是怎么说的：

"如果这枚炮弹在赤道上竖直向上发射，那么，在它从炮口飞出的瞬间，就有了一个向东旋转的地球自转速度，即465米／秒。接下来，炮弹会以这个速度在赤道的上空沿着赤道进行平行运动。在炮弹发射的瞬间，它正上方6400千米处的那一点，以2倍的运动速度沿

着一个半径为2倍的圆周向前运动。显然，它们都是向东运动的，且6400千米处的那一点比炮弹运动得更快一些。所以，炮弹到达的最高点不是在出发点的正上方，而是在出发点正上方的西边某处。同样，炮弹下落的时候，情况也是这样。炮弹在经历了从发射升空到下降这一过程后，会落到出发点的西边4000千米的地方。如果我们想让炮弹落到出发点，就不应该竖直向上发射，而是要让炮身倾斜5°发射。"

然而，对于这个问题，弗拉马利翁却在《天文学》中做了不同的描述：

"如果我们用大炮竖直向上发射一枚炮弹，那么，这枚炮弹最后会落到发射点，且落进炮口里面。在炮弹上升和下落的过程中，虽然大炮也跟着地球一

起向东运动，但是炮弹在上升时也会受到地球自转的影响，得到的自转速度是相同的。所以，来自地球和炮口的这两个力不冲突：如果它上升了 1 千米，那么，它也会同时向东运动 6 千米。从空间上看，炮弹的运动轨迹是一个平行四边形的对角线，且这个四边形的边长分别是 1 千米和 6 千米。炮弹在下落的时候会受到重力的作用，它此时的运动路线就是沿着这个平行四边形的另一条对角线。更准确地说，它下落时是加速运动，所以运动轨迹是一条曲线。综上所述，炮弹最后会落回一开始发射时的炮口中。

"不过，这个实验很难实现。一来很难找到如此精确的大炮，二来我们很难让炮口完全垂直。17 世纪，吉梅尔森和军人蒲其曾经做过这个实验，但他们把炮弹发射出去后，却没有找到落下的炮弹。在瓦里尼昂 1690 年出版的《引力新论》的封面上，画着一座大炮，旁边站着两个人，他们一直仰望着天空，如图 84 所示。

"后来，他们又进行过多次试验，但不知何故，炮弹最后都没有落下来，他们没能看到预期的结果。所以，他们最后得出结论：炮弹留在了空中，永远不会回来了。在这一点上，瓦里尼昂曾经说过同样的话：'炮弹竟然会一直悬挂在我们的头顶上！太不可思了。'后来，斯特拉斯堡也做了这个实验，结果，炮弹落在了距离大炮几百米的地方。很明显，他们都没有成功，主要的原因就是炮口不够垂直。"

从前面的例子中可见，人们对于这个问题存在着异议。有人认为，炮弹会落在距离发射点很远的西边；有人认为，

图 84 垂直向上发射炮弹的示意图。

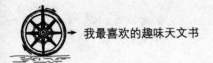

炮弹会落回炮筒里。到底哪一种说法才是对的呢？

严格来讲，这两种说法都是错的。真实的情况是，炮弹会落到发射点西边的某个地方，但没有上述说得那么远。至于说炮弹落回炮口，这是根本不可能的事。用基本数学知识很难解释清楚这个问题，我们在这里只给出推算结果。

假设炮弹的初速度是 v，地球自转的角速度是 ω，重力加速度是 g，那么，我们可以通过下面的公式计算出炮弹最后的落地点到发射点的距离：

在赤道上：

$$x = \frac{4}{3}\,\omega\,\frac{v^3}{g^2} \qquad (1)$$

在纬度 φ 上：

$$x = \frac{4}{3}\,\omega\,\frac{v^3}{g^2}\cos\varphi \qquad (2)$$

我们根据上述的公式来解答前面的问题，已知：

$$\omega = \frac{2\pi}{86164}$$

$$v = 8000\ \text{米／秒}$$

$$g = 9.8\ \text{米／秒}^2$$

将其代入公式（1），得：$x = 50$ 千米

所以，炮弹会落在大炮的西边 50 千米，而不是前面说的 4000 千米。

把上述公式放在弗拉马利翁的问题里，炮弹不是在赤道发射，而是在纬度 48°靠近巴黎的一个地方，炮弹的初速度是 300 米／秒，即：

$$\omega = \frac{2\pi}{86164}$$

$$v = 300\ \text{米／秒}$$

$$g = 9.8\ \text{米／秒}^2$$

$$\varphi = 48°$$

将其代入公式（2）中，得：

$$x = 1.7\ \text{米}$$

可见，炮弹落在距离炮身 1.7 米处，根本不是落回炮口里。需要说明一点，我们在计算中没有考虑气流对炮弹的偏向作用。所以，实际距离会跟这个数值有一定的偏差。

高空中的物体质量变化

在前一节的讨论中，我们没有考虑这个问题：随着物体与地面距离增大，物体的重力会逐渐变小。我们通常说的重力，其实就是万有引力。根据牛顿定律，两个物体间的吸引力与它们的距离平方成反比，即两个物体间的距离越大，它们之间的引力越小。在计算重力的时候，我们经常把地心作为地球质量的集中点，地球跟物体之间的距离就是地心到物体的距离，即物体距离地面的高度再加上地球的半径。6400千米高空，等于地球半径的2倍，地球引力是地球表面引力的$\frac{1}{4}$。

如果把这个规律用在竖直向上发射的炮弹上，炮弹在高空中受到的重力影响很小，因此它上升的高度比不考虑重力影响时要大。假设炮弹的初速度是8000米／秒，在考虑重力随高度变化的情况下，炮弹可升到的最高点应当是6400千米。但是，在考虑这一因素的情况下，直接用公式计算，得出的结果只有这个数值的一半。关于这一点，我们可以用下面的计算来验证。

在物理学和力学中，如果一个物体数值上升的初速度是v，在重力加速度g不变的情况下，它升到的最高点可以用这个公式来计算：

$$h = \frac{v^2}{2g}$$

其中$v = 8000$米／秒，$g = 9.8$米／秒^2，也就是说：

$$h = \frac{8000^2}{2 \times 9.8} = 3265000 = 3265\ 千米$$

这个结果大约是地球半径6400千米的一半，这里没有考虑重力随高度变化的影响，因此才有了这么大的误差。由于地球和炮弹之间的引力会随着炮弹的升高而不断减小，而炮弹的初速度并没有变化。所以，这时炮弹会升到更高的位置。

需要说明的是，我们不是否定传统物理公式的正确性，只要不超过公式的适用范围，就不存在任何问题。通常来说，只要物体距离地面不是太远，重力减小的作用可以忽略。比如，一个物体竖直上升的初速度是 300 米／秒，此时它的重力减小得并不大，所以依然可以利用上面的公式来计算。

依据这一定律，当火箭或飞船升到高空，在距离地球非常远的地方，它的重力是否会变得很小呢？换句话说，在非常高的空中，一个物体的质量会发生什么样的变化呢？

1936 年，飞行家康斯坦丁·康基纳奇做了一次实验。当时，他试验了三次，每次带着不同质量的物体，目的就是想验证一下，物体到了一定高度的时候，质量会发生怎样的变化。第一次，他携带的物体质量是 0.5 吨，升到 11458 米的高空。第二次，他携带的物体质量是 2 吨，升到了 12100 米的高空。第三次，他携带的物体质量是 2 吨，升高到 11295 米的高空。

那么，结果是怎么样的呢？也许，有的读者会认为，地球的半径是 6400 千米，在这个基础上增加 12 千米，变化应该不大，对质量的影响也很小。但是，超出人们预料的是，尽管这个距离只增加了 12 千米，可物体的质量却轻了很多。

我们以第三次实验为例做一个分析，物体在地面时的质量是 2 吨，飞到 11295 米的高空时，物体与地心的距离就相当于地面上的 $\frac{6411.3}{6400}$ 倍，这样，物体在空中和地面所受到的引力之比就是

$$1 : d\frac{6411.3}{6400}n^2 \text{ 或 } 1 : d1+\frac{11.3}{6400}n^2$$

所以，物体在 11295 米高空时的质量就是：

$$2000 \div d1+\frac{11.3}{6400}n^2 \text{ 千克}$$

根据近似值算法，得出的答案是 1193 千克。这就是说，当 2 吨重的物体升高到 11.3 千米的高空时，它的质量减少了 7 千克！同样的道理，如果是 1 千克重的砝码，在这个高度的时候，它的重量会变成 996.5 克。

其实，这样的案例还有很多。俄国曾经有一艘平流层飞艇飞到 22 千米的高空，结果发现，每千克质量减少了 7 克。同样在 1936 年，一位叫尤马舍夫的飞行员带着 5000 千克重的物体飞到了 8919 米的高空，物体的质量减轻了 14 千克。

依据上面的方法，读者可以分析一下下面的两种情况：

（1）1936 年 11 月 4 日，一位叫阿列克谢耶夫的飞行员带着 1 吨重的物体飞到 12695 米的高空，请问物体的质量发生了怎样的变化？

（2）1936 年 11 月 11 日，一位叫纽赫季科夫的飞行员带着 10 吨重的物体飞到了 7032 米的高空，请问物体的质量又发生了怎样的变化？

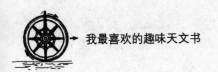

用圆规画出行星轨道

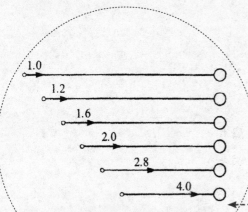

图 85 行星距离太阳越近，受到太阳的引力越大。

开普勒提出了行星运动的三大定律，其中第一条是：行星运行轨道都是椭圆形的。很多人对于这条论述都感到困惑，太阳对各个方向的物体的吸引力都是一样的，且随着距离的缩小，引力也在同等程度地减小，既然如此，行星为什么不是沿着圆形的轨道运行呢？就算轨道是椭圆形的，太阳为什么不在轨道的中心位置呢？

如果要用数学方法来分析这个问题，就得借助高等数学的知识了，且分析起来很复杂。有没有一种方法，只要用简单的实验和初级的数学知识就能解释清楚这个问题呢？当然有。我们只需要用尺子、圆规和一张大点的白纸，就能够画出行星的轨道。

具体的方法是这样的：如图 85 所示，图中的大圆圈代表太阳，小圆圈代表行星，箭头代表万有引力，箭头的长短代表万有引力的大小。假设某颗行星到太阳的距离是 1000000 千米，我们在图中画一条 5 厘米的线段表示这个距离，也就是图中比例尺为 1 厘米代表 200000 千米。用 0.5 厘米长的箭头代表太阳对这颗行星的引力。

假设在引力的作用下，行星慢慢靠近太阳，直至距离太阳 900000 千米的地方，也就是图中 4.5 厘米处。依据万有

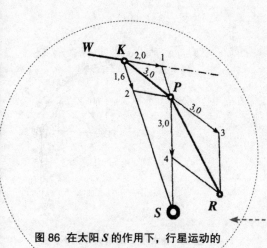

图 86 在太阳 S 的作用下，行星运动的
路线 WKPR 发生了弯曲。

引力定律，此时太阳对这颗行星的引力
应该增大到原来的 d$\frac{10}{9}$n^2 倍，也就是 1.2
倍。一开始，我们用 0.5 厘米的箭头表
示它们之间的引力，那么，表示此时引
力的箭头应该变成原来的 1.2 倍长，也
就是 0.6 厘米。如果行星到太阳的距离
变成 800000 千米，也就是图中的 4 厘米
处，此时的引力将增大到原来的 d$\frac{5}{4}$n^2 倍，
也就是 1.6 倍，箭头会变成 0.8 厘米。
如果行星继续向太阳靠近，它们之间的
距离减小到 700000 千米、600000 千米
和 500000 千米时，那么，表示引力的
箭头就相应地变成 1 厘米、1.4 厘米和
2 厘米。

在相同的时间内，天体在引力作用

下的位移与这个引力的大小成正比。所
以，前面提到的箭头除了能用来表示引
力的大小，还能用来表示天体位移的
大小。

其实，我们还能够继续往下画，甚
至能把行星位置的变化图画出来，也就
是这颗行星围绕太阳的运行轨迹。如
图 86 所示，假设在某个时刻，有一颗
跟图中行星等质量的行星以 2 个单位的
速度沿着 WK 方向运动到点 K。如果此
时行星到太阳的距离是 800000 千米，那
么，在引力的作用下，过一段时间后，
它会运动到距离太阳 1.6 个单位的位置。
假设在这段时间里，行星沿 WK 方向运
动了 2 个单位的长度，那么，它的运动
轨迹就是以 K1 和 K2 为两边的平行四边
形的对角线 KP。图中可见，这条对角
线的长度是 3 个单位。

行星达到点 P 后，会继续沿着 KP
方向以 3 个单位的速度运动。这时，它
到太阳的距离是 PS = 5.8 单位；在太
阳引力的作用下，这颗行星将会沿着 PS
方向运动 P4 = 3 个单位。从图 -86 中
可见，由于比例尺太大，我们无法继续
画下去。如果想画出更大的轨道范围，

就要缩小比例尺，这样能让我们画出的直线连接处变得平滑，看起来更像是行星运行的轨迹。

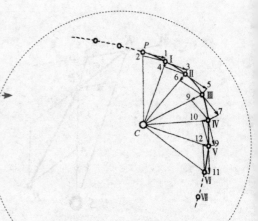

图87 在太阳 *C* 的引力作用下，使行星 *P* 偏离原来的运行路径，改为曲线运动。

如图87所示，这是一张用小比例尺画出的图，图中可直观地看出太阳和行星之间的相互影响，在太阳引力的作用下，行星偏离原来的运行轨迹，改为沿曲线 *P* Ⅰ、Ⅱ、Ⅲ、Ⅳ、Ⅴ、Ⅵ运动。由于比例尺比较小，图中连线的尖角很平滑，连起来就像一条光滑的曲线。

接下来，我们用几何学上的帕斯

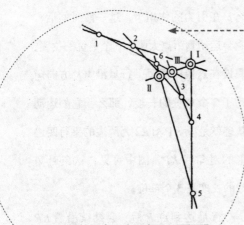

图88 依据帕斯卡六边形定理，可证明天体运行轨道是圆锥曲线。

卡六边形定理来分析一下轨道曲线的类型。首先，找一张透明的纸，盖在图-87上，从图中的轨道上随意找6个点，描在纸上并编号。然后，按照刚才的编号

顺序把6个点用直线连起来，这样就得到了一个行星轨道上的六边形，其中有些边可能是相交的，如图88所示。然后，延长直线1-2和直线4-5，让它们的延长线相交于点Ⅰ。同理，延长直线2-3和直线5-6，让它们的延长线相交于点Ⅱ，延长直线3-4和直线1-6，让它们的延长线相交于点Ⅲ。如果这条轨道曲线是椭圆、抛物线或双曲线，也就是圆锥曲线中的某一种，那么，点Ⅰ、Ⅱ、Ⅲ将位于同一条直线上。

依据帕斯卡六边形定理，只要我们把图画得很精确，就能让3个交点在一条直线上，从而证明轨道曲线一定是圆锥曲线，也就是椭圆形、抛物线或双曲

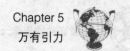

线中的一种。

开普勒行星运动的第二定律，也就是面积定律，也能够用这个方法来证明。如前面的图 21，图中的轨道被 12 个点分成 12 段，每一段弧长代表行星在相同时间里走过的距离，它们的长度不相等。如果把太阳跟这 12 个点分别用直线连起来，我们能够得到 12 个近似三角形。然后，再把相邻的各点连起来，就能得到一个封闭三角形，测量出每个三角形的底和高，求出面积。我们会发现，这些三角形的面积都是相等的，这也就证明了开普勒第二定律：在相同时间内，行星运行轨道的向量半径所扫过的面积相等。

综上所述，借助圆规我们就能证明有关行星运动的两条定律，是不是很神奇？很可惜，对于第三条定律，我们必须用笔进行一些计算才能够证明。

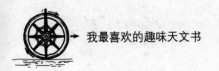

向太阳坠落的行星

你有没有想象过：如果有一天，我们的地球不再绕日运动，那会是什么样子？

有的读者可能会说，地球肯定会燃烧起来，这么一个不断运动的大行星突然停止运动，它储存的巨大能量必须用其他的方式释放出来，最后只能转变成热量。再者，由于地球一直进行高速运动，所以在能量转化的瞬间，就会让地球变成一团炙热的云雾。

就算地球避开了这样的灾难，也会遭受另一种更大的灾难。如果地球停止公转，它肯定会在太阳的巨大引力下慢慢靠近太阳。最后，就被太阳炙热的火焰烧成灰烬。在这个过程中，地球下落的速度会从小变大，在开始的第一秒时间里，可能只向太阳靠近了 3 毫米，但在此后的每一秒钟，它都会以成倍的速度向太阳靠近，最后以 600 千米／秒的

速度撞上太阳表面。那么，这个过程会持续多长时间呢？

依据开普勒第三定律：对于所有行星来说，它们运行轨道的半长径的立方跟它们绕日公转周期的平方之比是一个常量。这样，我们就可以把向太阳坠落的地球看成一颗沿椭圆形轨道运行的彗星，这个轨道呈扁长形，其中的一个端点在地球轨道附近，另一个端点是太阳的中心。那么，彗星轨道的半长径就是地球轨道的 $\frac{1}{2}$。根据开普勒第三定律，得出下面的比例式：

$$\frac{(\text{地球绕日周期})^2}{(\text{彗星绕日周期})^2} = \frac{(\text{地球轨道半长径})^3}{(\text{彗星轨道半长径})^3}$$

地球绕日公转的周期是 365 天，假设地球轨道的半长径是 1，彗星轨道的半长径是 0.5，把这些数值代入上述的公式，就有：

$$\frac{365^2}{(\text{彗星绕日周期})^2} = \frac{1}{0.5^3}$$

可得：

（彗星绕日周期）$^2 = 365^2 \times \dfrac{1}{8}$

得出：

彗星绕日周期 $= 365 \times \dfrac{1}{\sqrt{8}} = \dfrac{365}{\sqrt{8}}$

我们并不是想计算彗星的绕日周期，而是想知道，这个彗星从轨道的一端到另一端所用的时间，也就是地球从当前位置坠落到太阳上所用的时间。或者说，地球坠向太阳的过程要持续多长时间。所以：

$$\dfrac{365}{\sqrt{8}} \div 2 = \dfrac{365}{2\sqrt{8}} = \dfrac{365}{\sqrt{32}} = \dfrac{365}{5.6}$$

答案就是 64 天。

这就是说，如果地球突然不公转了，那么，在 64 天以后，它就会跌落在太阳的表面。

其实，上面提到的比例式对于任何行星乃至卫星都是适用的。想知道行星或卫星多长时间才会坠落到它们的中心天体上，只需要把这个天体的绕日公转周期除以 5.6 就行了。举例来说，水星是距离太阳最近的行星，它绕日一周的时间是 88 天，通过计算得知，如果它坠向太阳，所需的时间是 15.5 天；海王星绕日的周期约是地球的 165 倍，如果它坠向太阳，大约需要 29.5 年的时间；冥王星则需要 44 年。

借助同样的方法，我们还能够计算出，如果月球突然停止公转，它坠向地球表面所用的时间是 5 天左右。其实，所有跟月球远近相似的天体，如果只受到地球引力的作用且初速度为零，那么，它坠落到地球表面的时间都是 5 天左右。当然，这里我们忽略了太阳的影响。所以，通过这个公式，我们也可以解答凡尔纳小说《炮弹追月记》中提出的"炮弹多长时间才能够飞到月球上"的问题。

铁砧从天而降

古希腊神话中有这样一个故事：一次，冶炼神赫准斯托斯不小心把一个铁砧从天上掉下来，9天以后，它落在了地面上。听了这个故事，当时的人们认为，铁砧落到地面上花费了9天的时间，说明众神的居住所肯定在非常高的地方。当时最高、最雄伟的建筑莫过于金字塔了，就算铁砧从金字塔顶端落下，不到5分钟就会落在地面上。所以，在当时来说，9天真的是太令人震惊了。

如果这是真的，那么古希腊众神的居所跟宇宙比起来，简直是太小了。我们知道，月球跌落到地球表面的时间是5天，比故事中的9天少一些，由此我们可以判定，铁砧所在的位置肯定比月球到地球的距离远。我们可以假设铁砧是地球的一颗卫星，用9乘以 $\sqrt{32}$，得出它绕地球运动的周期是：$9 \times 5.6 = 51$ 天。依据开普勒第三定律，得出比例式：

$$\frac{(\text{月球绕地球的周期})^2}{(\text{铁砧绕地球的周期})^2} = \frac{(\text{月球的距离})^3}{(\text{铁砧的距离})^3}$$

代入数据，得出：

$$\frac{27.3^2}{51^2} = \frac{380000^3}{(\text{铁砧的距离})^3}$$

所以有：

铁砧的距离 =

$$\sqrt[3]{\frac{51^2 \times 380000^3}{27.3^2}} = 380000\sqrt[3]{\frac{51^2}{27.3^2}}$$

最后的结果是：580000 千米。

这就是说，古希腊人心目中的众神居住的地方，距离地球只有580000千米，这个距离约是月球到地球的1.5倍。所以，我们可以说，在古人意识中所谓的宇宙尽头，其实是我们宇宙的起点。

太阳系的边界在哪里

如果把彗星轨道的远日点作为太阳系的边界，那么，依据开普勒第三定律，就能够计算出这个边界的具体位置。以绕日周期最长的彗星来说，它的绕日周期是 776 年，而近日点距离是 1800000 千米，假设它的远日点距离是 x，那么，跟地球相比，就能得出下面的式子：

$$\frac{776^2}{1^2} = \frac{9\frac{1}{2}(x+1800000)^3}{150000000^3}$$

可得：

$$x + 1800000 = 2 \times 150000000 \sqrt[3]{776^2}$$

即：

$$x = 25330000000 \text{ 千米}$$

可见，这颗彗星的远日点距离是 25330000000 千米，大约是日地距离的 181 倍，是冥王星到太阳距离的 4.5 倍。

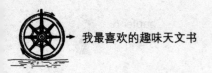

纠正凡尔纳小说中的错误

凡尔纳曾经在小说中构想过一颗叫做"哈利亚"的彗星,它绕日公转的周期是 2 年。此外还提到,这颗彗星的远日点是 82000 万千米,但没有提到近日点的距离。依据前一节的数据和开普勒第三定律,我们可以肯定地说,这颗彗星根本不可能存在于太阳系中。

我们可以计算一下:假设这颗彗星的近日点距离是 x 百万千米,那么,它的运行轨道长径就是 $(x + 820)$ 百万千米,半长径是 $(x + 820) \div 2$ 百万千米。

地球到太阳的距离是 150 百万千米,根据开普勒定律,将它的绕日公转周期和距离与地球相比,则有:

$$\frac{2^2}{1^2} = \frac{(x+820)^3}{2^3 \times 150^3}$$

得出:

$$x = -343$$

我们计算出的近日点距离是负数,这显然是不符合实际的。如果一颗彗星的公转周期只有短短的 2 年,那么,它到太阳的距离不可能有小说中描述的那么远。

地球的质量也能称出来吗

如图 89 所示，天文学家能够把地球或其他天体的质量"称量"出来，你是不是觉得很不可思议？下面，我们就来看看，这里的"称量"到底是什么意思？

我们先要弄清楚，这里说的"称"地球到底"称"的是什么？有人说，肯定是地球的质量了！然而，从物理学的

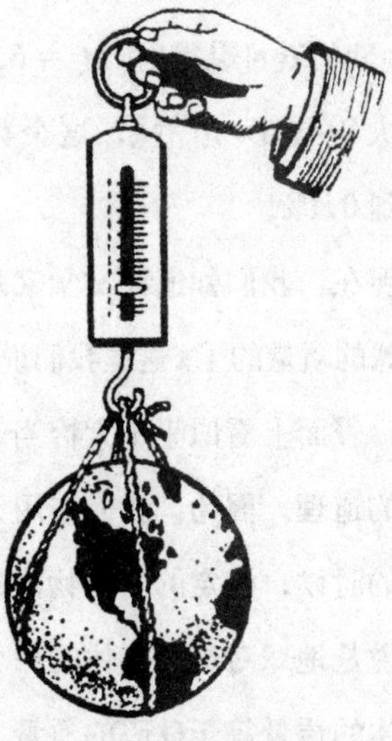

图 89 天文学家真的能用秤
"称"出地球的质量吗？

角度来说，物体的质量指的是施加在这个物体上的压力。或者说，是这个物体对弹簧秤的拉力。如果把这个理论用在天体上，以地球来说，根本没有物体支撑它，也不可能把它挂在什么东西上，这里不存在压力或拉力。如此说来，地球就没有"质量"，既然如此，天文学家们到底在"称"什么呢？

其实，这里"称"的是地球物质的分量。举例来说，你在商店买了 1 千克白糖，你不会关心这 1 千克白糖对称施加了多少压力或拉力，而是这些糖能冲出多少糖水。也就是说，你关心的是白糖里面物质的分量。我们知道，相同分量的物质有相等的质量，而质量跟引力成正比。所以，如果我们想衡量物质的分量，就可以计算一下地球对这一物质的引力。

我们还把话题拉回到地球的质量上。如果我们知道了地球的物质的分量，就能够推断出，如果地球被一个物体支

撑着，它会对这个物体的表面形成多大的压力。这就是说，我们必须先知道地球物质的分量，才能知道它的质量。

1871 年，乔里提出了一种方法。如图 90 所示，在一个十分灵敏的天平两端，分别悬挂上下两个盘子，盘子的质量忽略不计，上下两个盘子的距离是 20 ~ 25 米。在右边下面的盘子里放入一个质量为 m_1 的球体，为了保证天平的平衡，在左边上面的盘子里放入一个质量为 m_2 的物体，但是 $m_1 \neq m_2$。如果两个物体的质量相等，那它们在不同高度就会受到不相等的地球引力。这时，我们再在右下方的盘子里放一个质量为 M 的铅球，这时，天平的平衡会被破坏。根据万有引力定律，球体 m_1 会受到铅球 M 的引力 F，引力 F 与它们的质量成正比，与它们的距离 d 的平方成反比，即：

$$F = k\frac{Mm_1}{d^2}$$

其中，k 是引力常数。

为了让天平恢复平衡，我们必须在左上方的盘子里放一个质量为 n 的小物体。这时，物体 n 对秤的压力等于它本身的质量，也就是说，跟地球整体质量吸引这个小重物的引力 F' 相等，即：

$$F' = k \times \frac{nM_e}{R^2}$$

其中，F' 是地球对物体 n 的引力，

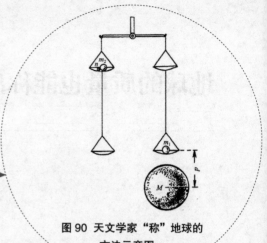

图 90 天文学家"称"地球的方法示意图。

M_e 是地球的质量，R 是地球的半径。但是，由于铅球对左上方盘子里的物体的影响很小，可以忽略不计，于是，就有下面的等式：

$$F = F' \quad 或者 \frac{Mm_1}{d^2} = \frac{nM_e}{R^2}$$

在这个式子中，只有地球质量 M_e 是未知的，其他数据都能够测量出来。于是，我们就可以得出：$M_e = 6.15 \times 10^{27}$ 克，大约是 6×10^{21} 吨，这个数据的误差不到 0.1%。

现在，我们知道天文学家是如何计算地球的质量的了。这里我们说的是"称量"，表面上看似乎不太恰当，但它有一定的道理。因为，我们在用天平称量物体的时候，测定的不是物体的重量，或者说是地球对这个物体的引力，而是使物体的质量等于砝码的质量，从而得出质量。

地球的核心

在一些科普类的作品中，我们经常会看到一些错误的描述：只要测定出每立方厘米地球的平均质量（地球的比重），再用几何学原理计算出地球的体积，把比重和体积相乘，就能够得出地球的质量。

为什么说这个说法是错的呢？因为，我们并不知道地球的大部分物质到底是什么，所以就无法得出地球的真实比重，我们得到的只是较薄的地壳最外层的比重。现在，我们在地壳上可以探测到的矿物深度仅限于25千米以内。通过计算，我们可以得出，这些部分只占了地球全部体积的$\frac{1}{85}$。

事实上，上面提到的计算步骤刚好与正确的算法颠倒了。我们应当先确定地球的质量，再通过这一数据得出地球的平均密度。现在我们知道，地球的平均密度大概是 5.5 克／立方厘米，这比地壳的平均密度大很多，也就是说，地球的核心应该是一些高密度的物质。

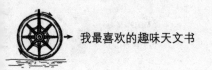

计算太阳和月球的质量

太阳比月球距离我们更远，但奇怪的是，我们能够很容易地计算出太阳的质量，可要计算出月球的质量却得费一番周折。

太阳的质量是怎样计算的呢？众所周知，质量为 1 克的物体对 1 厘米以外的另一物体的引力是 $\dfrac{1}{15000000}$ 毫克。根据万有引力定律，如果这两个物体的质量分别是 M 和 m，两者的距离是 D，那它们之间的引力 f 就是：

$$f = \frac{1}{15000000} \times \frac{Mm}{D^2}$$

如果用太阳的质量代替上式中的 M，用地球的质量代替 m，用日地距离 150000000 千米代替 D，那么就可以计算出太阳和地球之间的引力是：

$$\frac{1}{15000000} \times \frac{Mm}{15000000000000^2} \text{毫克}$$

其实，这个引力也是地球绕日轨道运行时的向心力。根据力学公式，我们知道，向心力为 $\dfrac{mv^2}{D}$（单位：毫克），

其中，m 是地球的质量（单位：克），v 是地球的公转速度，等于 30 千米／秒（也表示为 3000000 厘米／秒），D 是日地之间的距离，所以有：

$$\frac{1}{15000000} \times \frac{Mm}{D^2} = m \times \frac{3000000^2}{D}$$

得：

$$M = 2 \times 10^{33} \text{克} = 2 \times 10^{27} \text{吨}$$

用这个数字除以地球的质量，得：

$$\frac{2 \times 10^{27}}{6 \times 10^{21}} = 330000$$

根据开普勒第三定律和万有引力原理，可得出下列公式：

$$\frac{M_s + m_1}{M_s + m_2} = \frac{T_1^2}{T^2} = \frac{a_1^3}{a_2^3}$$

其中，M_s 是太阳的质量，T 是行星的恒星周期（即站在太阳上看到的行星围绕太阳旋转一周所用的时间），a 是行星到太阳的平均距离，m 是行星的质量。如果把这一公式用到地球和月球上，则有：

$$\frac{M_s + m_e}{M_e + m_m} = \frac{T_e^2}{T_m^2} = \frac{a_e^3}{a_m^3}$$

把 a_e、a_m、T_e、T_m 的值代入上述公式。

为了方便计算，我们把分子中比太阳质量小很多的地球质量和分母中比地球质量小很多的月球质量忽略不计，从而得出一个近似值，即：

$$\frac{M_s}{M_e} = 330000$$

地球的质量是已知的，我们可以计算出太阳的质量，大概是地球的330000倍。然后，用太阳的质量除以它的体积，得出太阳的平均密度，大概是地球的1/4。

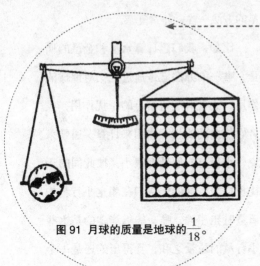

图91 月球的质量是地球的$\frac{1}{18}$。

可见，测定太阳的质量是比较简单的，可要想测定月球的质量，就没这么容易了。有位天文学家说过："虽然月球是离地球最近的星体，但要想测出它的质量，比最远的海王星要困难得多。"

这是因为，测定月球的质量需要通过非常复杂的方法，其中一种就是通过比较月球和太阳引起的潮汐高低来进行。

这一方法的原理是，潮汐的高度与引起这一现象的天体质量和距离有关。太阳的质量和距离以及月球的距离我们都知道，因而可以通过比较二者的高度来推算出月球的质量。在后面的章节中，我们会谈到具体的方法，这里先给出一个结果：月球的质量大概是地球的$\frac{1}{18}$，如图91所示。

月球的半径是已知的，因而可以计算出月球的体积，约是地球的$\frac{1}{49}$。所以，月球跟地球的平均密度之比就是$\frac{49}{81}$ = 0.6。可见，与构成地球的物质相比，构成月球的物质相对疏松很多，倘若跟太阳比的话，又显得紧密很多。其实，月球的平均密度比许多行星都要大。

计算行星的质量和密度

只要一颗行星有卫星存在，我们就能够"称"出它的质量。

方法很简单：知道卫星绕行星运动的速度 v 和它们之间的距离 D，利用向心力 $\dfrac{mv^2}{D}$ 等于行星和卫星之间的引力 $\dfrac{kmM}{D^2}$ 这一关系来进行计算，即：

$$\frac{mv^2}{D} = \frac{kmM}{D^2}$$

可得出：$M = \dfrac{Dv^2}{k}$

其中，k 是质量为 1 克的物体对 1 厘米外另一个 1 克物体的引力，m 是卫星的质量，M 是行星的质量，这样就能够计算出行星的质量 M。

另外，依据开普勒第三定律也可以计算：

$$\frac{\left(M_s + M_{行星}\right)}{M_{行星} + m_{卫星}} = \frac{T^2_{行星}}{T^2_{卫星}} = \frac{a^3_{行星}}{a^3_{卫星}}$$

括号中的数据可以忽略不计，继而得出太阳与这颗行星质量的比值 $\dfrac{M_s}{M_{行星}}$。

其中，太阳的质量已知，因而就能计算出行星的质量。

双星也可以用这个方法来计算，但最后得出的质量是双星的质量之和，而不是各个星的质量。但是，如果这颗行星没有卫星，计算它的质量就像计算卫星的方法一样，非常复杂。

比如，我们想计算水星和金星的质量，唯一的办法就是通过它们对地球的作用，或者对某些彗星的干扰作用，或者它们之间的相互作用来计算。通常来说，小行星的质量都很小，彼此间的干扰也很少，这就让我们在测定小行星的质量时犯了难，唯一能够测定的是这些小行星的质量之和，且得出的还是一个不确定值。

在已知行星质量和体积的情况下，很容易计算出它们的平均密度。下表中，我们列出了一些行星的相应数据（地球的密度 = 1）。

行星	密度	行星	密度
水星	5.43	木星	0.24
金星	0.92	土星	0.13
地球	1.00	天王星	0.23
火星	0.74	海王星	0.22

见表可知，除了水星以外，地球的密度是太阳系中这些行星中最大的。为什么那些大行星的密度都很小呢？原因很复杂，但最主要的一点是，在它们坚硬的核外包裹着一层质量很轻的大气，是这些大气使得行星的体积变得非常大。

月球上和行星上的重力变化

有些读者可能会有疑惑：我们没有在月球和其他行星上生活过，又如何知道它们上面有没有重力呢？其实，要回答这个问题很简单，只要知道这个天体的半径和质量，就能够计算出物体在这个天体上受到的重力有多大。

我们还以月球为例。前文中说过，月球的质量是地球的$\frac{1}{81}$，根据牛顿定律，在讨论万有引力的时候，通常把球体的质量集中在球心来分析。对地球来说，从地球中心到地表的距离，就是地球的半径，月球也如此。月球的半径是地球的$\frac{1}{100}$，所以月球上的引力就是：

$$\frac{100^2}{27^2 \times 81} \approx \frac{1}{6}$$

如果一个物体在地球上的质量是1千克，那么，它到了月球上，质量就会变成$\frac{1}{6}$千克。这个变化并不大，只有通过弹簧秤才能够看出其变化。

还有一个有趣的现象：如果月球上有水，那么，在月球上游泳的时候，跟在地球上的感觉是一样的。这是因为，人的体重在月球上会减少到原来的$\frac{1}{6}$，在游泳时会排开一些水，这些水的质量也会减少到原来的$\frac{1}{6}$。所以，在月球上潜水，也跟在地球上一样。但是，如果要浮在水面上，在月球上的感觉就会轻松很多，因为我们的体重变轻了，不需要花费什么力气，身体就能轻松地漂起来。

下面的表中，我们列出了同一物体在地球与各行星上的重力大小（地球重力＝1）。

行星	重力
水星	0.26
金星	0.90
地球	1.00
火星	0.37
木星	2.64
土星	1.13
天王星	0.84
海王星	1.14

　　在上表的排序中，地球居于第四位，
木星、海王星和土星都排在它前面，如
图 92 所示。

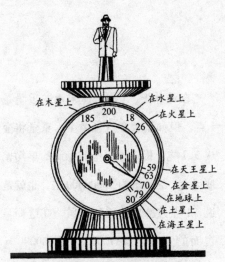

图 92 同一个人在不同行星上的重量不同，
在水星上最轻，在木星上最重。

想不到的天体表面重力

第 4 章我们讨论过矮星型的天狼 B 星的一些特征，虽然它的半径很小，但是质量却很大。因而，它表面的重力作用也很大。除了这颗白矮星以外，还有一颗仙后座的白矮星，质量约是太阳的 2.8 倍，而半径却只有地球的 $\frac{1}{2}$。通过计算可知，这颗星表面的重力是地球上的 $2.8 \times 330000 \times 2^2 = 3700000$ 倍。

在地球上，1 立方厘米水的重量是 1 克，但如果放在这颗星上，重量将变成 3.7 吨。构成这颗星的物质的平均密度很大，约是水的 36000000 倍，也就是说，1 立方厘米的这种物质，在这颗星表面的重量是：$3700000 \times 36000000 = 133200000000000$ 克。看到这个数值，是不是觉得简直超出了想象？

行星深处的重力变化

假如我们能够把一个物体放到一颗行星内部的最深处，那么，这个物体的重量会发生怎样的变化？有的读者可能会直截了当地回答："当然是变重了！因为这个物体距离行星的中心更近。"很可惜，这个回答是错误的。实际的情况刚好相反，越是到行星的内部，物体受到的引力越小。

我们来分析一下：力学定理和相关计算可以证明，如果把一个物体放在均匀的空心球里，它将不受任何引力的作用，如图 93 所示。同理，如果我们以这个物体到实心球中心的距离为半径，以实心球的中心为圆点，画一个球体，那么这个物体将只受到来自画出的球体中物体的引力，如图 94 所示。

根据这一分析，我们可以得出一条规律：物体的质量会随着它到行星中心的距离变化而变化。假设行星的半径是

图 93 把一个物体放在均匀的空心球里，它将不受任何引力的作用。

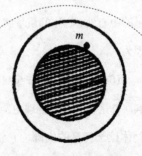

图 94 放入实心球内部的物体所受到的引力，跟图中阴影部分的物质有关。

R，物体到行星中心的距离是 r，如图95所示。这时，物体会受到两方面的引力：其一是由于距离缩短而导致引力变大，增加到原来的 $\mathrm{d}\dfrac{R}{r}\mathrm{n}^2$ 倍；其二是由于发挥作用的物质变少导致引力变小，减少到原来的 $\mathrm{d}\dfrac{R}{r}\mathrm{n}^3$。也就是说，物体受到的总引力应该是：$\mathrm{d}\dfrac{R}{r}\mathrm{n}^3 \div \mathrm{d}\dfrac{R}{r}\mathrm{n}^2 = \dfrac{r}{R}$。

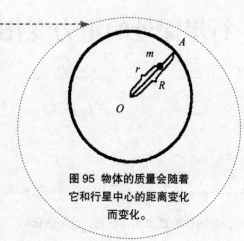

图 95 物体的质量会随着它和行星中心的距离变化而变化。

从这个公式可以看出，物体在行星里面的质量与其在行星表面的质量之比，等于物体到行星中心的距离与行星的半径之比。如果这颗行星的大小跟地球差不多，半径也是 6400 千米，那么它里面 3200 千米的地方，物体的质量将变成原来的 $\dfrac{1}{2}$。如果物体在行星里面 5600 千米的地方，它的质量将变成原来的 $\dfrac{1}{8}$。

另外，我们还能得出下面的结论：在行星的中心处，物体的质量将变为 0，这是因为：

$$(6400 - 6400) \div 6400 = 0$$

其实，这一点通过推理也能够得出。如果物体位于行星的内部，它将同时受到四面八方的引力作用，这些引力相互抵消，就使得物体的质量消失了。

需要说明的是，刚刚的推理只适用于密度均匀的行星，这是一种理想的状态。但在实际中，还需要对这个推理进行修正。比如，地球深处的密度比地表的密度大很多，所以，物体所受到的引力随距离变化的规律跟刚才所说的就不太一样。如果物体在距离地面较浅的地方，它所受到的引力将随深度的增加而变大，但如果到了地球的深处，这个引力又会越来越小。

轮船质量发生了什么变化

同一艘轮船，在有月亮的夜晚轻一些，还是在没有月亮的夜晚轻一些？

也许你会说，在有月亮的夜晚轻一些，因为轮船会受到月球的引力作用。其实，问题的答案没这么简单，尽管轮船会受到月球引力的作用，但地球也会受到同样的引力作用。在月球引力的作用下，地球上所有物体的运动速度都一样，加速度也一样，从这一点上来说，我们根本没有办法确定轮船的重量有没有减轻。但是，有人为此做了实际的测量，结果发现：在有月亮的夜晚，轮船确实会轻一些。这是为什么呢？

如图96，图中的点 O 是地球的中心，

A 和 B 都是轮船，A、B 连线过点 O，这就表明，它们刚好位于地球直径的两端。r 是地球的半径，D 是从月球中心 L 到地球中心 O 的距离。M 是月球的质量，m 是轮船的质量。为了方便计算，我们假设 A、B 和月球在同一直线上，也就是说，月球在 A 处的天顶，在 B 处的天底。

月球对 A 的引力，也就是有月亮的夜晚轮船受到的月球引力是：

$$\frac{kMm}{(D-r)^2},$$

其中，$k = \frac{1}{15000000}$ 毫克。

月球对 B 的引力，也就是无月亮的夜晚轮船受到的月球引力是：

$$\frac{kMm}{(D+r)^2}$$

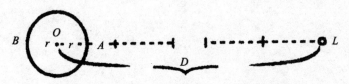

图 96 月球引力和对地球上两艘轮船作用的示意图。

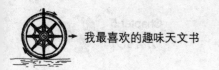

两个引力的差通过两式相减，得：

$$kMm \times \dfrac{4r}{D^3 \left[1 - d\dfrac{r}{D}n^2H\right]^2}$$

因为 $d\dfrac{r}{D}n^2 = d\dfrac{1}{60}n^2$ 很小，可忽略不计，所以有：

$$kMm \times \dfrac{4r}{D^3}$$

整理后，得出：

$$\dfrac{kMm}{D^2} \times \dfrac{4r}{D} = \dfrac{kMm}{D^2} \times \dfrac{1}{15}$$

显然，$\dfrac{kMm}{D^2}$ 就是轮船跟月球中心距离为 D 时，受到的月球引力的大小。质量为 m 的轮船在月球表面的重量是 $\dfrac{m}{6}$，因而在距离地球 D 处，其质量是 $\dfrac{m}{6D^2}$，

$D = 220$ 个月球半径，所以有：

$$\dfrac{kMm}{D^2} = \dfrac{m}{6 \times 220^2} \approx \dfrac{m}{300000}$$

引力差是：

$$\dfrac{kMm}{D^2} \times \dfrac{1}{15} \approx \dfrac{m}{300000} \times \dfrac{1}{15} = \dfrac{m}{4500000}$$

如果这艘轮船的重量是 45000 吨，那么在有月亮和没有月亮的夜晚，它们的质量差是：

$$\dfrac{45000000}{4500000} = 10 \text{ 千克}$$

可见，在有月亮的夜晚，轮船的质量确实比在没有月亮的夜晚轻一些，但差别并不大。

月球、太阳和潮汐

前面说过，地球上的潮汐跟太阳和月球的引力相关，但真实的情况很复杂。月球在吸引地面上的物体的同时，也会以同样的引力吸引地球。跟地球中心相比，地球朝向月球那一面的水距离月球更近。前一节中我们计算出轮船受到的引力之差，同样，我们也能计算出地面上的水受到的引力差。在朝向月球的那一面，每千克水受到的月球引力是每千克地心构成物质的 $\frac{2kMr}{D^2}$ 倍；在背向月球的那一面，每千克水受到的引力是每千克地心构成物质的 $\frac{1}{2kMr}$。

在引力差距的作用下，这两个地方的水产生了移动，前者是因为水向月球移动的距离比地球固体部分向月球移动的距离大，后者情况刚好相反。

那么，太阳对地球表面的水有没有影响呢？答案是：有。但是，太阳的引力和月球的引力哪一个更大呢？如果比较绝对引力的话，自然是太阳的大。因为太阳的质量是地球的 330000 倍，而月球的质量只有地球的 $\frac{1}{18}$，推算可知，太阳的质量是月球的 330000×81 倍，而地球到太阳的距离约是地区半径的 23400 倍，地球到月球的距离只有地球半径的 60 倍。因此可知，地球受到的太阳引力与它受到的月球引力之比是：

$$\frac{330000 \times 81}{23400^2} \div \frac{1}{60^2} \approx 170。$$

可见，地球上的物体所受到的太阳引力，比它受到的月球引力大很多。人们可能会就此认为，太阳引起的潮汐一定比月球引起的潮汐大。真的是这样吗？其实，情况刚好相反。对于这一点，我们可以用公式 $\frac{2kMr}{D^3}$ 得出。

假设太阳的质量是 M_s，月球的质量是 M_m，太阳到地球的距离是 D_s，月球到地球的距离是 D_m，那么，太阳和月球对于潮汐的吸引力之比就是：

$$\frac{2kM_s r}{D_s^3} \div \frac{2kM_m r}{D_m^3} = \frac{M_s}{M_m} \times \frac{D_m^3}{D_s^3}$$

太阳的质量是月球的 26730000 倍，

日地距离是月地距离的 400 倍，所以：

$$\frac{M_s}{M_m} \times \frac{D_m^3}{D_s^3} = 330000 \times 81 \times \frac{1}{400^3} = 0.42$$

这就是说，日潮的高度只有月潮的 $\frac{2}{5}$。从太阳和月亮引发的潮汐高度上，我们可以计算出月球的质量，但这个结果存在一定的误差。

有一点需要我们注意，我们无法同时比较出这两种潮汐的高度。因为，太阳和月球的引力同时作用于地球，我们无法分别观察到这两种潮汐。但是，我们可以在两者的作用相互叠加和相互抵消时分别进行测量，继而得出潮水的高度。

当太阳、月球和地球在一条直线上时，二者的作用是相互叠加的；当日地连线垂直于地月连线时，二者的作用是相互抵消的。通过测量，我们会发现，

后者与前者之比大约是 0.42。

假设月球对潮水的引力是 x，太阳对潮水的引力是 y，那么：

$$\frac{x+y}{x-y} = \frac{100}{42}$$

即：

$$\frac{x}{y} = \frac{71}{29}$$

依据前面提到的公式，可得：

$$\frac{M_s}{M_m} \times \frac{D_m^3}{D_s^3} = \frac{29}{71}$$

即：

$$\frac{M_s}{M_m} \times \frac{1}{64000000} = \frac{29}{71}$$

将太阳的质量 $M_s = 330000 M_e$ 代入，其中，M_e 是地球的质量，则有：

$$\frac{M_e}{M_m} = 80$$

从上式我们还可以看出，月球的质量是地球的 $\frac{1}{80}$。但是，这个数值并不精确，科学家们用其他更精确的方法，计算出的结果是，月球的质量是地球的 1.23%。

月球会影响气候吗

不知道你有没有思考过这个问题：月球引力作用于地表上的水会形成潮汐，那么，这一引力是否也会对地球上空的大气产生影响，继而影响我们的气候呢？答案是肯定的。我们把这种现象称为大气潮汐，它是俄国科学家罗蒙诺索夫最早发现的，他将其称为"空气的波"。

对于这个问题，很多科学家做过研究，但争议较大。很多人认为，大气质量很轻，流动性也很强，所以，月球引力对大气的作用是很明显的。这种"空气的波"不但能够改变大气压力，还能影响地球上的气候。

其实，这种观点是错误的。从理论上讲，大气潮汐肯定会比水的潮汐弱。既然如此，对于最底层的空气来说，它们的最大密度只有水的 $\frac{1}{1000}$，那为什么空气潮汐的高度不是水的潮汐的 1000 倍呢？这个问题就好比，相同质量的不同物体，在真空中下落的速度相同，令人费解。比如，在真空玻璃管中，同时落下一个小铅球和一个羽毛，它们的下落速度是完全一样的。这里说的潮汐，也可以理解为在真空宇宙中，地球及其表面的水在月球或太阳的引力作用下的坠落。所以，无论它们的质量如何，坠落的速度都是一样的，在万有引力的作用下，位移也相同。

这样，我们就会明白：大气潮汐的高度与大洋潮汐的高度是一样的。细心的读者可能已经发现，公式中没有关于水的密度或深度的变量，只有地球和月球的质量、地球的半径，以及地球到月球的距离。所以，如果我们把这个公式用在大气上，得出的结论依然是，潮汐的高度相等。实际上，大洋潮汐的高度并不高，理论上来讲不超过 0.5 米，只

有在靠近陆地的一些地方，在地形阻力的影响下，才有可能达到 10 米以上。现在，人们已经能够通过太阳和月球的位置来判断潮水的高度，并发明了相应的预测装置。

在大气潮汐中，理论高度 0.5 米不会受到其他因素的影响。如此小的高度，对气压产生的影响完全可以忽略。法国科学家拉普拉斯曾经对这个问题进行过研究，结果表明：大气潮汐对气压产生的影响很小，不会超过 0.6 毫米汞柱，所引起的风速不会超过 7.5 厘米／秒。

所以说，大气潮汐不会从根本上影响到气候。至于那些根据月亮的位置来预测气候的说法，我们更没有相信的必要了。